上岗轻松学

数码维修工程师鉴定指导中心 组织编写

图解 空调器维修 快速入门

（视频版）

主 编 韩雪涛
副主编 吴 瑛 韩广兴

扫描书中的"二维码"
开启全新微视频学习模式

扫一扫

U0191252

机 械 工 业 出 版 社

本书完全遵循国家职业技能标准和空调器维修领域的实际岗位需求，在内容编排上充分考虑空调器维修的特点，按照学习习惯和难易程度将空调器维修划分为14个章节，即空调器的结构和工作原理，空调器基本操作和基本维修技能训练，空调器贯流风扇组件、空调器导风板组件、空调器轴流风扇组件、空调器压缩机组件、空调器电磁四通阀和空调器干燥节流组件的检测与代换训练，空调器电源电路、控制电路、遥控电路、通信电路和变频电路的检修方法。

学习者可以看着学、看着做、跟着练，通过"图文互动"和"微视频"的全新模式，轻松、快速地掌握空调器维修技能。

书中大量的演示图解、操作案例以及实用数据可以供学习者在日后的工作中方便、快捷地查询使用。

本书还采用微视频讲解互动的全新教学模式，在内页重要知识点相关图文的旁边，附印了二维码。读者只要用手机扫描书中相关知识点的二维码，即可在手机上实时浏览对应的教学视频，视频内容与图书涉及的知识完全匹配，晦涩复杂难懂的图文知识通过相关专家的语言讲解，帮助读者轻松领会，同时还可以极大缓解阅读疲劳。

本书是学习空调器维修的必备用书，也可作为相关机构的空调器维修培训教材，还可供从事制冷设备维修工作的专业技术人员使用。

图书在版编目（CIP）数据

图解空调器维修快速入门；视频版/韩雪涛主编.
—2版. — 北京 ：机械工业出版社，2017.6 (2018.6重印)
（上岗轻松学）
ISBN 978-7-111-57200-8

Ⅰ. ①图… Ⅱ. ①韩… Ⅲ. ①空气调节器－维修－图解
Ⅳ. ①TM925. 120. 7-64

中国版本图书馆CIP数据核字 (2017) 第146512号

机械工业出版社（北京市百万庄大街22号　邮政编码100037）
策划编辑：陈玉芝 王博　责任编辑：王博
责任校对：肖琳　　　　责任印制：孙炜
北京天时彩色印刷有限公司印刷
2018 年 6 月 第 2 版第 2 次印刷
184mm×260mm・14印张・320千字
4001—7000册
标准书号：ISBN 978-7-111-57200-8
定价：58.00 元

编 委 会

主　编　韩雪涛

副主编　吴　瑛　韩广兴

参　编　朱　勇　唐秀鸾　韩雪冬　张湘萍

　　　　张义伟　吴惠英　高瑞征　周文静

　　　　王新霞　张丽梅　马梦霞　吴鹏飞

　　　　宋明芳　吴　玮

前　言

　　空调器维修技能是制冷设备维修工必不可少的一项专项、专业、基础、实用技能。该项技能的岗位需求非常广泛。随着技术的飞速发展以及市场竞争的日益加剧，越来越多的人认识到实用技能的重要性，空调器维修的学习和培训也逐渐从知识层面延伸到技能层面。学习者更加注重空调器维修技能能够用在哪儿，应用空调器维修这项技能可以做什么。然而，目前市场上很多相关的图书仍延续传统的编写模式，不仅严重影响了学习的时效性，而且在实用性上也大打折扣。

　　针对这种情况，为使制冷设备维修工快速掌握技能，及时应对岗位的发展需求，我们对空调器维修内容进行了全新的梳理和整合，结合岗位培训的特色，根据国家职业技能标准组织编写构架，引入多媒体出版特色，力求打造出具有全新学习理念的空调器维修入门图书。

在编写理念方面

　　本书将国家职业技能标准与行业培训特色相融合，以市场需求为导向，以直接指导就业作为图书编写的目标，注重实用性和知识性的融合，将学习技能作为图书的核心思想。书中的知识内容完全为技能服务，知识内容以实用、够用为主。全书突出操作，强化训练，让学习者阅读图书时不是在单纯地学习内容，而是在练习技能。

在编写形式方面

　　本书突破传统图书的编排和表述方式，引入了多媒体表现手法，采用双色图解的方式向学习者演示空调器维修的知识技能，将传统意义上的以"读"为主变成以"看"为主，力求用生动的图例演示取代枯燥的文字叙述，使学习者通过二维平面图、三维结构图、演示操作图、实物效果图等多种图解方式直观地获取实用技能中的关键环节和知识要点。

　　其次，图书还开创了数字媒体与传统纸质载体交互的全新教学方式。学习者可以通过手机扫描书中的二维码，实时浏览对应知识点的数字媒体资源。数字媒体资源与图书的图文资源相互衔接，相互补充，可充分调动学习者的主观能动性，确保学习者在短时间内获得最佳的学习效果。

在内容结构方面

　　本书在结构的编排上，充分考虑当前市场的需求和读者的情况，结合实际岗位培训的经验对空调器维修这项技能进行全新的章节设置；内容的选取以实用为原则，案例的选择严格按照上岗从业的需求展开，确保内容符合实际工作的需要；知识性内容在注重系统性的同时以够用为原则，明确知识为技能服务，确保图书的内容符合市场需要，具备很强的实用性。

在专业能力方面

　　本书编委会由行业专家、高级技师、资深多媒体工程师和一线教师组成，编委会成员除具备丰富的专业知识外，还具备丰富的教学实践经验和图书编写经验。

　　为确保图书的行业导向和专业品质，特聘请原信息产业部职业技能鉴定指导中心资深专家韩广兴担任顾问，亲自指导，充分以市场需求和社会就业需求为导向，确保图书内容符合职业技能鉴定标准，达到规范性就业的目的。

　　本书由韩雪涛任主编，吴瑛、韩广兴任副主编，朱勇、唐秀鸯、韩雪冬、张湘萍、吴惠英、高瑞征、周文静、王新霞、张丽梅、马梦霞、吴鹏飞、宋明芳、吴玮参加编写。

　　读者通过学习与实践还可参加相关资质的国家职业资格或工程师资格认证，获得相应等级的国家职业资格证书或数码维修工程师资格证书。如果读者在学习和考核认证方面有什么问题，可通过以下方式与我们联系。

数码维修工程师鉴定指导中心
网址：http://www.chinadse.org
联系电话：022-83718162/83715667/13114807267
E-MAIL：chinadse@163.com
地址：天津市南开区榕苑路4号天发科技园8-1-401　邮编：300384

　　希望本书的出版能够帮助读者快速掌握空调器维修技能，同时欢迎广大读者给我们提出宝贵建议！如书中存在问题，可发邮件至cyztian@126.com与编辑联系！

编　者

目 录

第1章 空调器的结构和工作原理

1.1 空调器的结构

空调器是一种给空间区域提供空气调节处理的设备，其主要功能是对空气的温度、湿度、纯净度及空气流速等进行调节。空调器按结构划分，可分为分体壁挂式和分体柜式两类；按压缩机驱动控制方式，可分为定频和变频两种方式。

1.1.1 分体壁挂式空调器的结构

空调器主要由室内机和室外机两部分构成。下面，让我们先来认识一下空调器室内机的结构。

室内机主要用来接收人工指令，并对室外机提供电源和控制信号。在空调器室内机正面通常可以找到进风口、前盖、吸气栅（空气过滤部分）、显示和遥控接收面板、导风板、出风口等部件，背面通常可以找到与室外机连接的气管（粗）、液管（细）以及空调器的电源线和连接引线等部件。

【空调器室内机的外部结构】

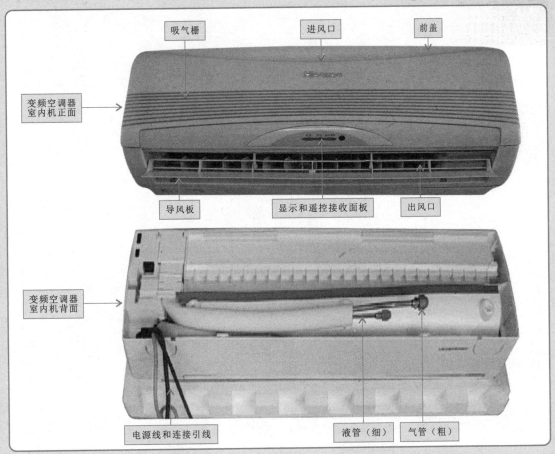

　　将空调器室内机的吸气栅打开，可以看到位于吸气栅下方的空气过滤网。将室内机的上盖拆卸下来后，可以看到室内机的各组成部件，如蒸发器、导风板组件、贯流风扇组件、主电路板、遥控接收电路板、温度传感器等部分。

【空调器室内机的内部结构】

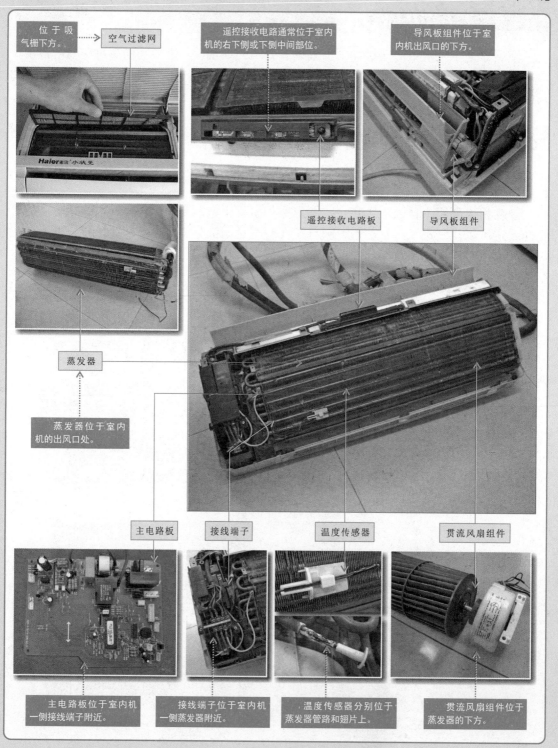

位于吸气栅下方。 → 空气过滤网

遥控接收电路通常位于室内机的右下侧或下侧中间部位。

导风板组件位于室内机出风口的下方。

遥控接收电路板　　　导风板组件

蒸发器

蒸发器位于室内机的出风口处。

主电路板　　接线端子　　温度传感器　　贯流风扇组件

主电路板位于室内机一侧接线端子附近。

接线端子位于室内机一侧蒸发器附近。

温度传感器分别位于蒸发器管路和翅片上。

贯流风扇组件位于蒸发器的下方。

变频空调器的室外机主要用来控制压缩机为制冷剂提供循环动力，与室内机相配合，将室内的能量转移到室外，达到对室内制冷或制热的目的。从变频空调器室外机的外面通常可以找到排风口、上盖、前盖、底座、截止阀和接线护盖等部分。

【变频空调器室外机的外部结构】

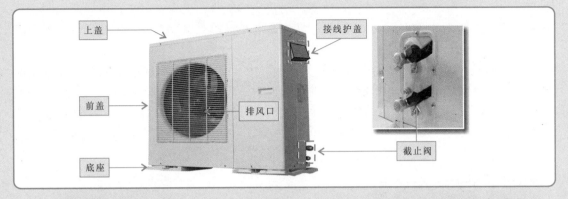

将变频空调器室外机的上盖、前盖等拆下，即可看到内部各组成部件，如冷凝器、轴流风扇组件、变频压缩机、电磁四通阀、毛细管、干燥过滤器、单向阀、主电路板和变频电路板等部分。

【变频空调器室外机的内部结构】

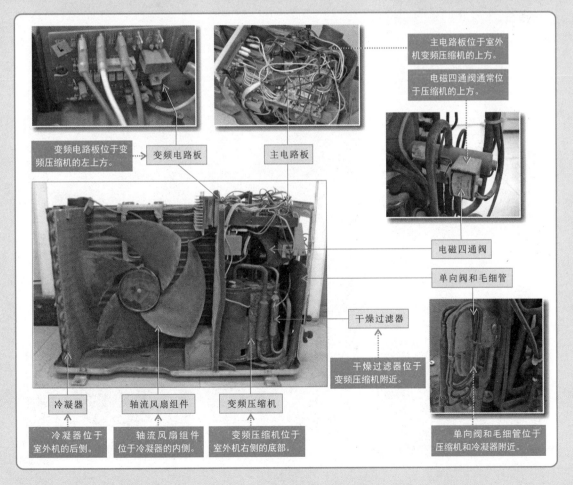

1.1.2 分体柜式空调器的结构

分体柜式空调器也是由室内机与室外机两部分组成的。室外机的结构与分体壁挂式空调器的室外机基本相同，主要由冷凝器、轴流风扇组件、变频压缩机、电磁四通阀、毛细管、干燥过滤器、单向阀、主电路板和变频电路板等部分组成，这里就不再具体介绍了。

而室内机与壁挂式空调器的室内机结构有所不同。柜式空调器室内机垂直放置在地面上，进气栅板和空气过滤网位于机身的下方，拆下进气栅板和空气过滤网后可以看到柜式变频空调器特有的离心风扇组件，出风口位于机身的上部，蒸发器位于出风口附近。

【分体柜式空调器室内机的结构】

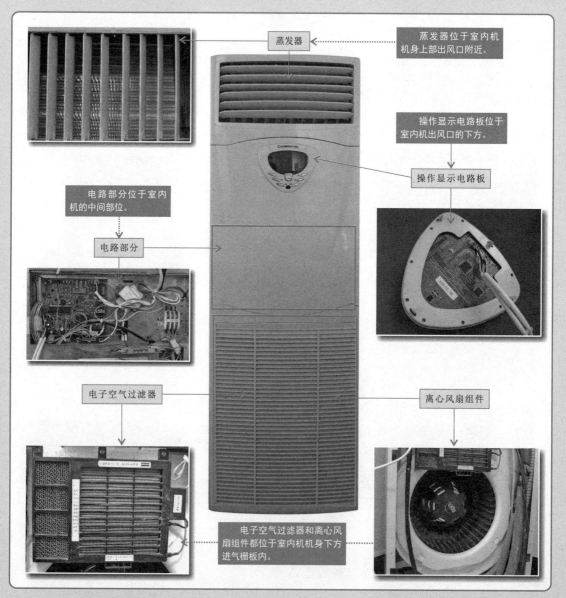

1.2 空调器的工作原理

1.2.1 空调器的制冷原理

了解了空调器室内机与室外机的构造以后，让人不解的是这些零部件组合在一起，怎么就能够实现制冷的工作效果呢？下面就让我们跟随制冷剂的"循环轨迹"，了解一下空调器的制冷过程吧！

【变频空调器室内机的外部结构及制冷原理】

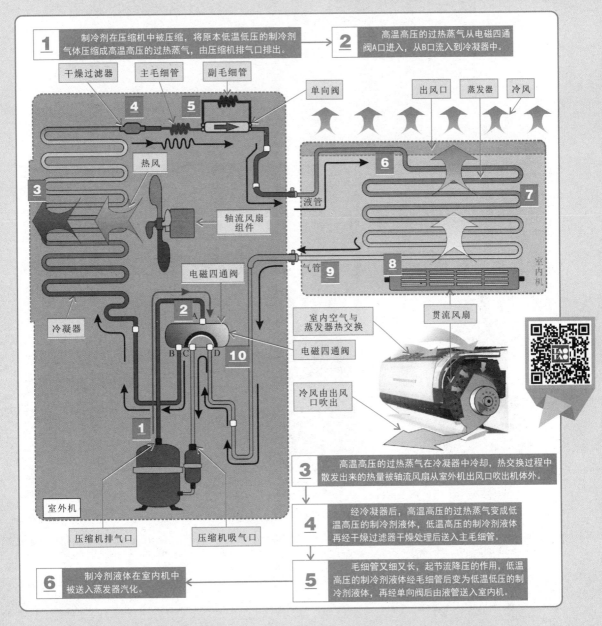

1 制冷剂在压缩机中被压缩，将原本低温低压的制冷剂气体压缩成高温高压的过热蒸气，由压缩机排气口排出。

2 高温高压的过热蒸气从电磁四通阀A口进入，从B口流入到冷凝器中。

干燥过滤器 主毛细管 副毛细管 单向阀 出风口 蒸发器 冷风

热风

轴流风扇组件

电磁四通阀

冷凝器

室内空气与蒸发器热交换

电磁四通阀

贯流风扇

冷风由出风口吹出

室外机

压缩机排气口 压缩机吸气口

液管 气管 室内机

3 高温高压的过热蒸气在冷凝器中冷却，热交换过程中散发出来的热量被轴流风扇从室外机出风口吹出机体外。

4 经冷凝器后，高温高压的过热蒸气变成低温高压的制冷剂液体，低温高压的制冷剂液体再经干燥过滤器干燥处理后送入主毛细管。

5 毛细管又细又长，起节流降压的作用，低温高压的制冷剂液体经毛细管后变为低温低压的制冷剂液体，再经单向阀后由液管送入室内机。

6 制冷剂液体在室内机中被送入蒸发器汽化。

【变频空调器室内机的外部结构及制冷原理（续）】

7 制冷剂液体在蒸发器中发生汽化，将吸收周围的热量，从而使蒸发器周围的空气温度下降。

8 蒸发器周围的低温空气在贯流风扇的作用下由出风口吹入室内，便是我们感受到的冷风。

10 重回室外机的低温低压制冷剂气体再经电磁四通阀的D口进入，由C口返回到压缩机吸气口，开始下一个制冷循环。

9 蒸发器中的制冷剂液体吸热汽化后重新变为低温低压的制冷剂气体，经气管重新回到室外机。

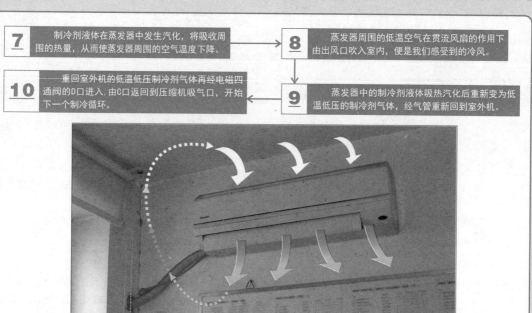

室内空气循环

特别提醒

制冷剂是确保制冷设备实现制冷效果的主要成分。制冷设备就是通过制冷管路中的制冷剂与外界进行热交换，从而实现制冷效果的。一旦管路破损或管路器件检修代换完成后，就需要向制冷管路中重新充注制冷剂。目前，空调器所使用的制冷剂主要有R22、R407C和R410A三种类型，不同制冷剂的化学成分也有所不同。

阀门用于控制制冷剂的释放和关闭。

制冷剂钢瓶上有一个阀门。

制冷剂R22 　　　 制冷剂R407C 　　　 制冷剂R410A

制冷剂R22：它是空调器中使用率最高的制冷剂，许多旧型号空调器中都采用R22作为制冷剂，这种制冷剂含有氟利昂，对臭氧层破环很严重。

制冷剂R407C：它是一种不破坏臭氧层的环保制冷剂，与R22有着极为相近的特性和性能，应用于各种空调系统和非离心式制冷系统。R407C可直接应用于原R22的制冷系统，不用重新设计系统，只需将原系统内的矿物冷冻油更换成能与R407C互溶的润滑油，就可直接充注R407C，取代含氟制冷剂。

制冷剂R410A：它是一种新型环保制冷剂，不破坏臭氧层，具有稳定、无毒、性能优越等特点，工作压力为普通R22空调器的1.6倍左右，制冷（暖）效率高，可以提高空调器的工作性能。

1.2.2 空调器的制热原理

空调器的制热过程与制冷过程正相反，通过电磁四通阀改变制冷剂的流动方向，从而实现制热功能。下面我们来了解一下空调器的制热过程是如何实现的，以及制冷剂在管路中的循环方向与制冷时的区别。

【变频空调器室内机的外部结构及制热原理】

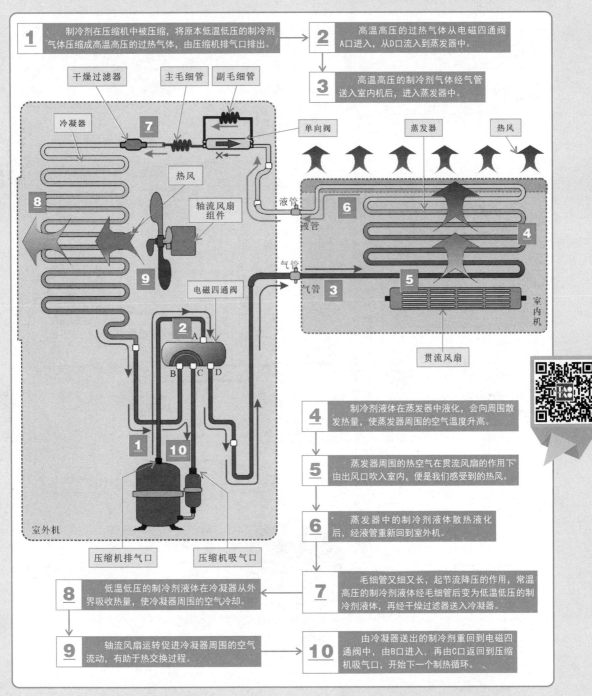

1 制冷剂在压缩机中被压缩，将原本低温低压的制冷剂气体压缩成高温高压的过热气体，由压缩机排气口排出。

2 高温高压的过热气体从电磁四通阀A口进入，从D口流入到蒸发器中。

3 高温高压的制冷剂气体经气管送入室内机后，进入蒸发器中。

4 制冷剂液体在蒸发器中液化，会向周围散发热量，使蒸发器周围的空气温度升高。

5 蒸发器周围的热空气在贯流风扇的作用下由出风口吹入室内，便是我们感受到的热风。

6 蒸发器中的制冷剂液体散热液化后，经液管重新回到室外机。

7 毛细管又细又长，起节流降压的作用，常温高压的制冷剂液体经毛细管后变为低温低压的制冷剂液体，再经干燥过滤器送入冷凝器。

8 低温低压的制冷剂液体在冷凝器从外界吸收热量，使冷凝器周围的空气冷却。

9 轴流风扇运转促进冷凝器周围的空气流动，有助于热交换过程。

10 由冷凝器送出的制冷剂重回到电磁四通阀中，由B口进入，再由C口返回到压缩机吸气口，开始下一个制热循环。

1.2.3 空调器的电气控制过程

空调器主要用来对房间内的温度进行调节。这一工作是由各单元电路协同配合实现的，是一个非常复杂的过程。下面我们就来讲解空调器各电路部件的关系和控制过程，让维修人员了解空调器的整机控制过程。

【空调器的电气控制过程】

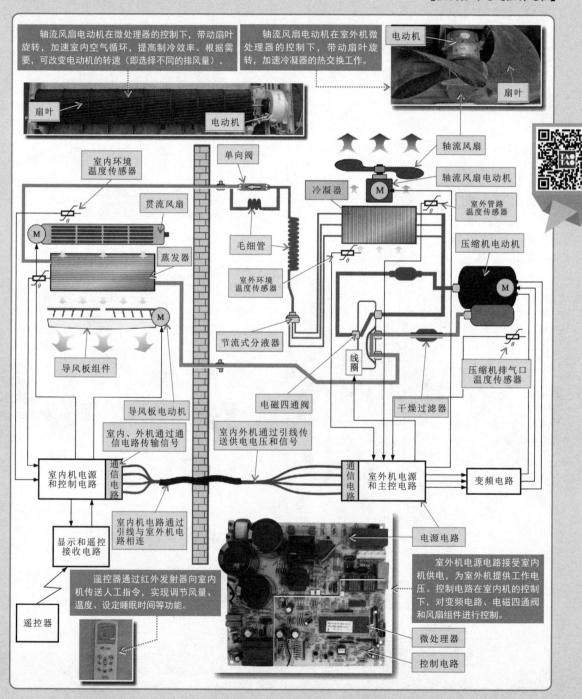

轴流风扇电动机在微处理器的控制下，带动扇叶旋转，加速室内空气循环，提高制冷效率。根据需要，可改变电动机的转速（即选择不同的排风量）。

轴流风扇电动机在室外机微处理器的控制下，带动扇叶旋转，加速冷凝器的热交换工作。

电动机

扇叶

扇叶　电动机

轴流风扇

室内环境温度传感器

贯流风扇

单向阀

冷凝器

轴流风扇电动机

室外管路温度传感器

蒸发器

毛细管

室外环境温度传感器

压缩机电动机

导风板组件

节流式分液器

线圈

压缩机排气口温度传感器

导风板电动机

电磁四通阀

干燥过滤器

室内、外机通过通信电路传输信号

室内外机通过引线传送供电电压和信号

室内机电源和控制电路

通信电路

通信电路

室外机电源和主控电路

变频电路

室内机电路通过引线与室外机电路相连

显示和遥控接收电路

电源电路

室外机电源电路接受室内机供电，为室外机提供工作电压。控制电路在室内机的控制下，对变频电路、电磁四通阀和风扇组件进行控制。

遥控器通过红外发射器向室内机传送人工指令，实现调节风量、温度、设定睡眠时间等功能。

遥控器

微处理器

控制电路

第2章 空调器基本操作技能训练

2.1 空调器的拆卸技能训练

拆卸空调器是进行空调器维修操作的前提，掌握正确的操作方法和步骤，对于准确、高效地拆卸空调器、提高维修效率十分关键。目前，市场上流行的空调器多为分体式空调器，其外形以及内部结构基本类似，主要由室内机和室外机两部分构成。下面，将分空调器室内机的拆卸和空调器室外机的拆卸两部分进行介绍。

2.1.1 空调器室内机的拆卸

空调器室内机是通过电路板及各电器部件的连接实现制冷循环控制的。因此，学习空调器室内机的维修，首先要掌握空调器室内机外壳的拆卸方法。

【空调器室内机的拆卸】

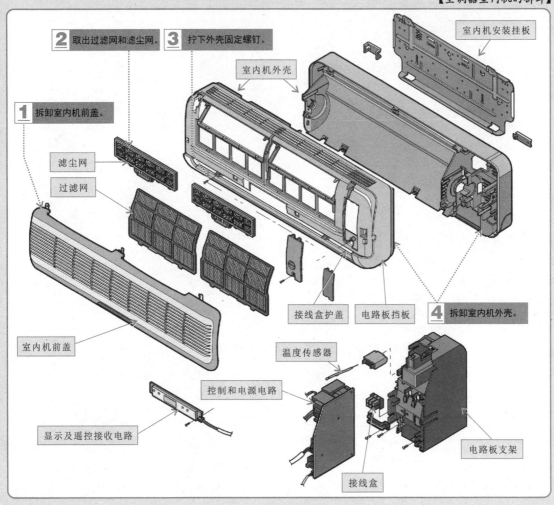

2 取出过滤网和滤尘网。 **3** 拧下外壳固定螺钉。

室内机安装挂板

室内机外壳

1 拆卸室内机前盖。

滤尘网

过滤网

接线盒护盖　电路板挡板　**4** 拆卸室内机外壳。

室内机前盖

温度传感器

控制和电源电路

显示及遥控接收电路

电路板支架

接线盒

1

掀起前盖

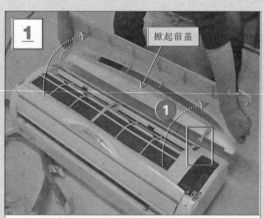

将前盖掀起到最大角度，才可以把前盖取下。

2

取出过滤网

取出滤尘网

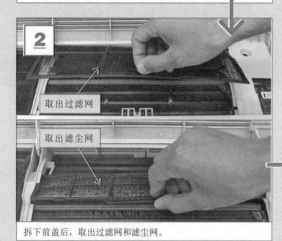

拆下前盖后，取出过滤网和滤尘网。

特别提醒

前盖转轴

前盖卡槽

1 室内机外壳上方设计有专门挂卡前盖的卡槽，前盖转轴位于卡槽中，使得前盖可随意掀起。当前盖被掀起到最大角度时，即可将前盖转轴从室内机外壳的卡槽缺口处抽出，前盖就与室内机外壳分离了。

装饰挡片

2 通常，室内机外壳的固定螺钉位于垂直导风板下方的出风口附近，有时为了美观，固定螺钉上还有装饰挡片。拆卸时，要先用螺钉旋具（即螺丝刀）将装饰挡片拆下后，再拆卸固定螺钉。

3

垂直导风板

出风口

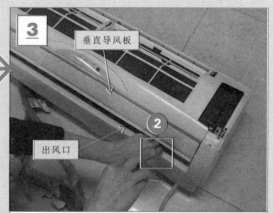

找到外壳固定螺钉的位置，并用螺钉旋具（即螺丝刀）进行拆卸。

特别提醒

空调器室内机前盖

3 空调器室内机外壳的下部通常由固定螺钉固定，将固定螺钉卸下后，外壳下部就可以与室内机脱离。

4 空调器室内机外壳的上部通常由卡扣固定，因此拆卸外壳时，切不可盲目用力，待外壳下方松脱后，用手将外壳上方的卡扣向里顶，即可将外壳与室内机彻底分离。

卡扣

4

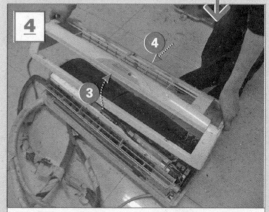

用手抓住室内机外壳的两侧，小心将外壳拆下。

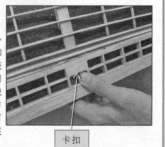

2.1.2 空调器室外机的拆卸

　　下面让我们来了解一下室外机各主要部件的位置关系、固定方式及拆卸顺序，对于空调器室外机中的压缩机、冷凝器、干燥过滤器、闸阀及节流组件来说，不能使用普通的拆卸工具进行拆卸。一般都会依靠专门的气焊设备完成。而且，这些制冷系统中的重要部件只有在确定需要检修或更换时才会拆焊与更新。

【空调器室外机的拆卸】

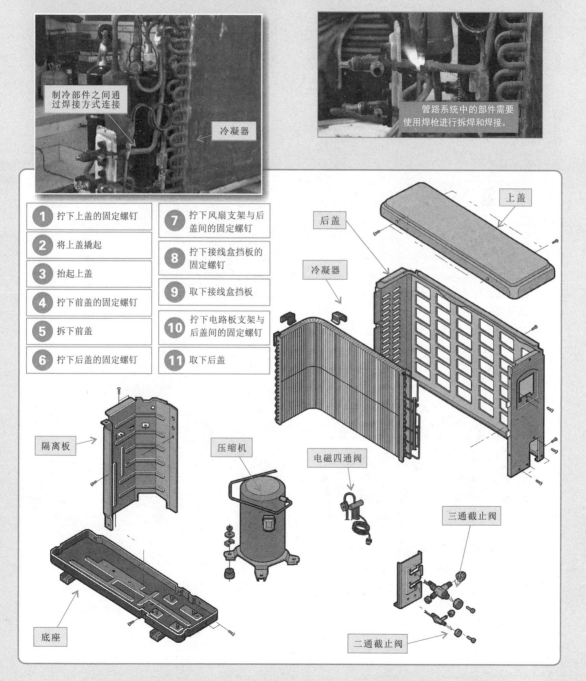

制冷部件之间通过焊接方式连接

冷凝器

管路系统中的部件需要使用焊枪进行拆焊和焊接。

① 拧下上盖的固定螺钉
② 将上盖撬起
③ 抬起上盖
④ 拧下前盖的固定螺钉
⑤ 拆下前盖
⑥ 拧下后盖的固定螺钉
⑦ 拧下风扇支架与后盖间的固定螺钉
⑧ 拧下接线盒挡板的固定螺钉
⑨ 取下接线盒挡板
⑩ 拧下电路板支架与后盖间的固定螺钉
⑪ 取下后盖

上盖
后盖
冷凝器
隔离板
压缩机
电磁四通阀
三通截止阀
二通截止阀
底座

【空调器室外机的拆卸（续）】

1

螺钉旋具

用螺钉旋具拧下上盖四周的螺钉。

2

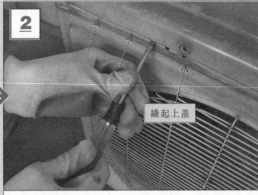

撬起上盖

用螺钉旋具撬起上盖。

3

抬起上盖

抬起上盖。

4

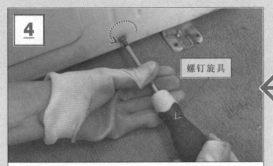

螺钉旋具

用螺钉旋具拧下前盖四周的螺钉。

特别提醒

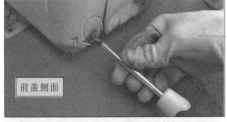

前盖侧面

前盖与后盖连接处

5

拆下前盖

拆下前盖。

特别提醒

在拆卸空调器室外机的外壳前，首先要对室外机的外壳进行仔细的观察，确定室外机上盖、前盖、后盖之间固定螺钉的位置和数量。因为，一般情况下，空调器室外机的外壳都是通过固定螺钉加以固定的。

【空调器室外机的拆卸（续）】

6

螺钉旋具

用螺钉旋具拧下后盖四周的固定螺钉。

特别提醒

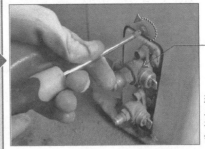

截止阀

注意后盖的侧面截止阀上方也有固定螺钉。

7

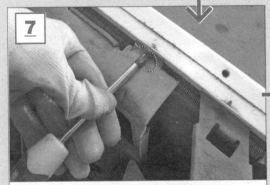

用螺钉旋具拧下风扇支架与后盖之间的固定螺钉。

8

用螺钉旋具拧下后盖侧面接线盒挡板上的固定螺钉。

10

用螺钉旋具拧下电路板支架与后盖之间的固定螺钉。

9

接线盒挡板

用手取下接线盒挡板。

11

后盖

拧下所有螺钉后，便可取下室外机后盖。

室外机内部

外壳拆下后，可看到室外机的内部组成部件。

2.2 空调器的管路加工技能训练

第2章

制冷管路的加工是常用且非常重要的基础操作技能，在制冷设备检修中，无论是对制冷设备进行安装连接，还是对制冷管路进行检修，都需要对制冷管路进行加工处理。常用的处理方式主要是切管和扩管。

2.2.1 切管技能训练

空调器的管路系统是一个封闭的循环系统，因此对管路接口的安装要求较高，因此对管路充氮、充制冷剂、检修代换时，对管路进行切割要使用专用切管工具。

【切管技能训练】

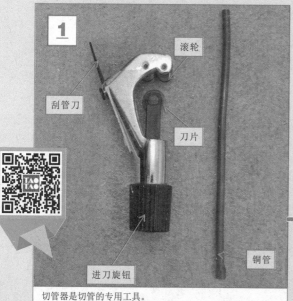

切管器是切管的专用工具。

特别提醒

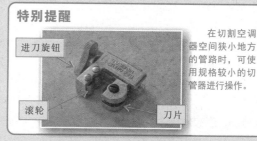

在切割空调器空间狭小地方的管路时，可使用规格较小的切管器进行操作。

调节进刀旋钮，使刀片与滚轮间能容下待切割的铜管。

顺时针缓慢调节进刀旋钮，使刀片顶住铜管的管壁。

将铜管放在刀片和滚轮之间，刀片垂直对准铜管。

【切管技能训练（续）】

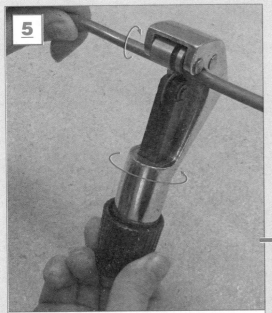

用手捏住铜管并转动切管器，使其绕铜管顺时针方向旋转。

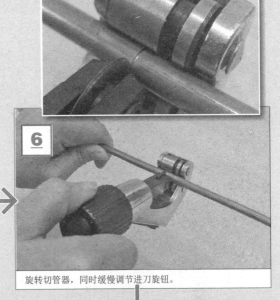

旋转切管器，同时缓慢调节进刀旋钮。

直至铜管被切断，切断后的铜管部位应平整、光滑。

边旋转切管器，边进刀。

将切管器打开。

将铜管管口向下，用刮管刀将管口毛刺去除。

2.2.2 扩管技能训练

在检修空调器管路部分或管路中的功能部件时，常会遇到管路与管路、管路与部件的连接操作。连接铜管管路时，由于管路有密封性要求，不允许两根铜管管路直接对接，这时就需要将其中的一根管路进行扩充，以便另一根管路能够紧密地插到扩充的管口上，我们将对管路的扩充操作称为管路扩管（或扩口）。

对空调器中的管路进行扩管操作时，根据管路连接方式的不同需求，有杯形口和喇叭口两种扩管方式。其中，采用焊接方式连接管路时，一般需扩为杯形口，采用纳子连接方式时，需扩为喇叭口。

【扩管技能训练】

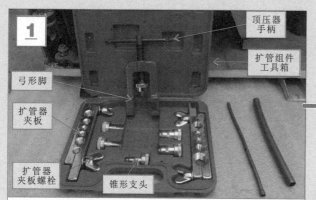

扩管组件是扩管的专用工具。

选择与待扩铜管管径相同的扩管器夹板孔径。

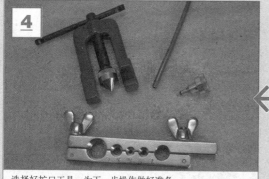

选择好扩口工具，为下一步操作做好准备。

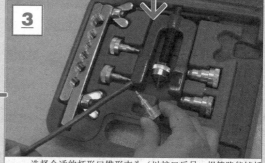

选择合适的杯形口锥形支头（以扩口后另一根管路能够插入到扩口中为选择依据）。

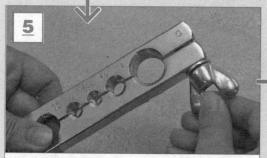

松开扩管器夹板上的螺栓，打开扩管器夹板。

将扩口的铜管放在与铜管管径相同的扩管器夹板孔中。

【扩管技能训练（续）】

7 铜管露出夹板的长度应与锥形支头的长度相等。

8 紧固夹板螺栓，使铜管夹紧，固定良好。

10 将选配好的杯形口锥形支头装入到顶压器上。

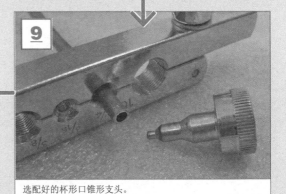

9 选配好的杯形口锥形支头。

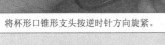

11 将杯形口锥形支头按逆时针方向旋紧。

12 向外旋转顶压器手柄，使杯形口支头位于顶压器顶部。

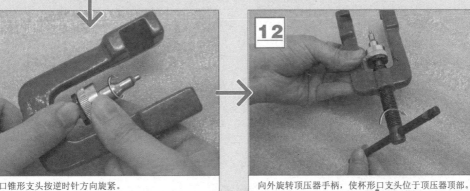

14 使顶压器的弓形脚卡住扩管器夹板。

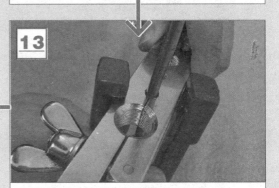

13 将顶压器的锥形支头垂直顶压到铜管管口上。

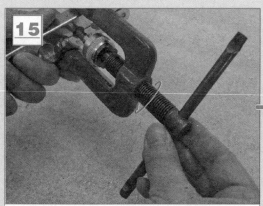

15

沿顺时针方向旋转顶压器的手柄，由于压力作用，顶压器的锥形支头将铜管管口扩成杯形。

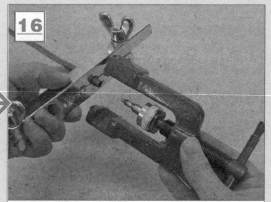

16

铜管扩口完成后，逆时针转动顶压器手柄，使顶压器锥形支头与铜管分离，将扩管器夹板从顶压器的弓形脚中取出。

18

扩好的管路管口应无歪斜、裂痕等。

特别提醒

在进行扩管操作时，要始终保持顶压支头与管口垂直，施力大小要适中，以免造成管口歪斜。

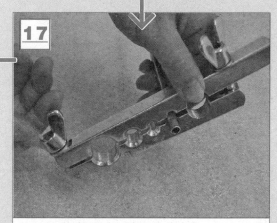

17

松动扩管器板夹螺栓，取出铜管。

特别提醒

当两根铜管需要通过纳子或转接器连接时，则需要将管口加工成喇叭口。喇叭口与用于室内机或室外机上的连接管口进行连接。喇叭口的扩管操作与杯形口的扩管操作基本相同，只是在选配组件时，应选择扩充喇叭口的锥形支头。

扩压喇叭口所使用的锥形支头没有规格之分，可以给任意直径的铜管扩压喇叭口。

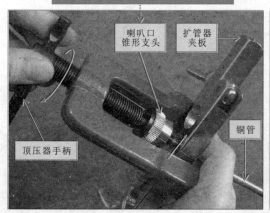

喇叭口锥形支头

扩管器夹板

铜管

顶压器手柄

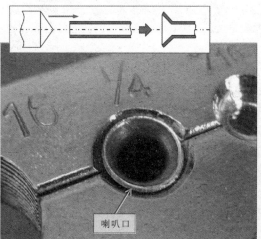

喇叭口

2.3
空调器的管路焊接与连接技能训练

空调器的管路焊接与连接是将两根不同的管路或部件连接起来的主要方法，是维修空调器的必备技能。

2.3.1 管路焊接技能训练

空调器的管路焊接主要使用气焊设备。气焊设备的使用要求很严格，需要时刻遵循使用规范进行操作。输出压力表用来指示氧气和燃气（液化石油气）的输出量；输出控制阀用来控制氧气的输出量；总阀门用来控制氧气的输出；控制阀门用来控制燃气（液化石油气）瓶的流量；焊接时，通过对燃气控制阀和氧气控制阀的调节来改变混合气体中燃气和氧气的比例，从而控制火焰的大小。

【气焊设备】

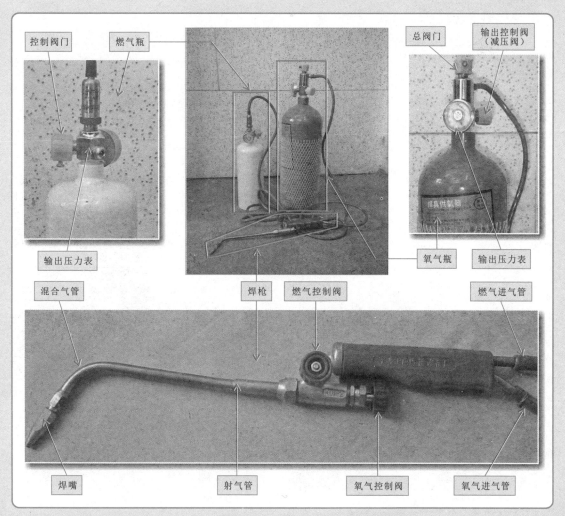

经焊接后的管路连接要牢固，外表应平滑，且不易发生泄漏或堵塞等现象。使用气焊设备焊接空调器的管路，是空调器维修人员必须具备的一项操作技能。

【气焊操作过程】

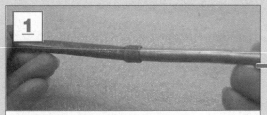

将需要焊接的两根铜管插接在一起，准备焊接。

> **特别提醒**
> 气焊设备的点火顺序为：先分别打开燃气瓶和氧气瓶阀门（无前后顺序，但应确保焊枪上的控制阀门处于关闭状态），然后打开焊枪上的燃气控制阀门，用打火机迅速点火，最后打开焊枪上的氧气控制阀门，调整火焰至中性焰。
> 若气焊设备焊枪枪口有轻微氧化物堵塞，则可首先打开焊枪上的氧气控制阀门，用氧气吹净焊枪枪口，然后将氧气控制阀门调至很小或关闭后，再打开燃气控制阀门，接着点火，最后打开氧气控制阀门，调至中性焰。

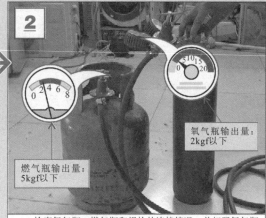

氧气瓶输出量：2kgf以下

燃气瓶输出量：5kgf以下

检查氧气瓶、燃气瓶和焊枪的连接情况，并打开氧气瓶和燃气瓶的总阀门，通过控制阀门调整输出压力。

注：1kgf=9.8N≈10N。

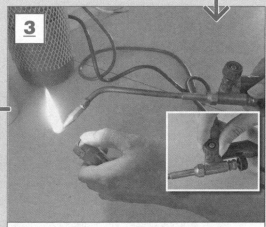

打开氧气控制阀。

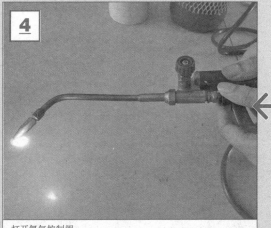

打开焊枪燃气控制阀，将打火机置于焊枪口附近点火。

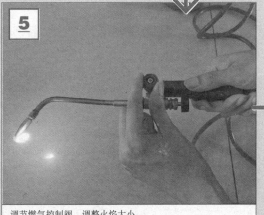

调节燃气控制阀，调整火焰大小。

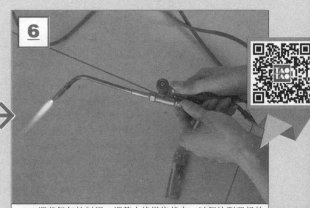

调节氧气控制阀，调整火焰燃烧状态，以便达到理想的焊接温度。

【气焊操作过程（续）】

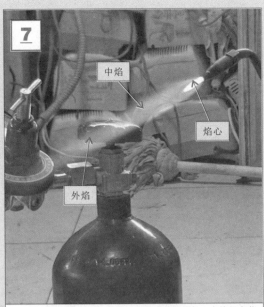

将焊枪火焰调成中性焰。其外焰呈天蓝色，中焰呈亮蓝色，焰心呈明亮的蓝色。

特别提醒

在调节火焰时，如氧气或燃气控制阀开得过大，不易出现中性火焰，反而成为不适合焊接的过氧焰或碳化焰。其中，过氧焰温度高，火焰逐渐变成蓝色，焊接时会产生氧化物；碳化焰的温度较低，无法焊接管路。

过氧焰焰心长而尖，内焰呈淡蓝色，外焰呈蓝色，火焰挺直，燃烧时发出急剧的嘶嘶声。

碳化焰外焰特别长而柔软，呈橘红。

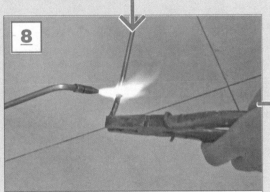

用平口钳夹住铜管，用焊枪对准焊口均匀加热，当铜管被加热到呈暗红色时，即可进行焊接。

将焊条放到焊口处，利用中性焰的高温将其熔化，待熔化的焊条均匀地包围在两根铜管的焊接处时即可将焊条取下。

特别提醒 关火顺序为：先关闭焊枪上的氧气控制阀门，然后关闭焊枪上的燃气控制阀门。若长时间不再使用，还应关闭氧气瓶和燃气瓶上的阀门。关火顺序不可弄反，否则会引起回火现象，发出很大的"啪"声。

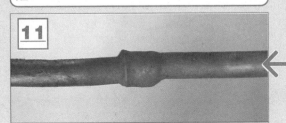

焊接完毕后，检查焊接部位是否牢固、平滑，有无明显焊接不良的现象。

首先关闭燃气控制阀，接着关闭氧气控制阀，依次关闭燃气和氧气瓶上的阀门。

2.3.2 管路连接技能训练

　　管路的连接是指使用连接部件将两根不同的管路或部件连接起来。常用的连接部件主要有纳子（拉紧螺母）等。采用纳子接管方式时，需要扩为喇叭口。使用纳子进行管路接管是指将纳子与空调器中的接管螺纹紧密咬合，实现管路的连接。

【扩管技能训练】

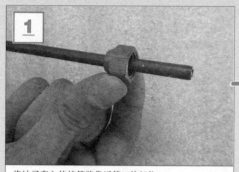

1 将纳子套入待接管路靠近管口的部位。

2 使用扩管组件将管口扩为喇叭口（按照与扩压杯形口相同的方法进行扩口）。

特别提醒

　　由于施力过大或顶压支头尺寸与管口不匹配，造成管口出现开裂现象。

损坏的喇叭口

3 待管口被扩压成喇叭口后，查看喇叭口大小是否符合要求，有无裂痕。

4 取下夹板，将带有纳子的管路与需要连接的管路对接。

5 使用扳手将纳子与接管螺纹配件拧紧，完成管路的纳子连接。

特别提醒

　　值得注意的是，在操作过程中，一定要注意控制用力的大小，以避免用力过大，损伤纳子及连接管口。连接完成后，仔细检查，确保管路紧密连接。

纳子

喇叭状管口可将纳子卡住，使其不会脱落，便于紧固。

第3章 空调器基本维修技能训练

3.1
空调器充氮检漏训练

充氮检漏是指向空调器管路系统中充入氮气，使管路系统具有一定压力后，用洗洁精水（或肥皂水）检察管路各焊接点有无泄漏，以确保空调器管路系统的密封性。在对空调器进行充氮检漏操作前，我们首先要了解一下充氮检漏操作所用设备的使用方法和基本连接顺序。

3.1.1 空调器充氮检漏设备的连接

充氮检漏设备连接时需要准备的设备有氮气瓶、减压器、充氮用高压连接软管、三通压力表阀和管路连接器等。充氮检漏训练是在安装好充氮设备后，将其与待测空调器进行连接，一般通过空调器压缩机的工艺管口向待测空调器中"吹"入氮气，完成检漏操作。

【空调器充氮检漏设备的连接顺序】

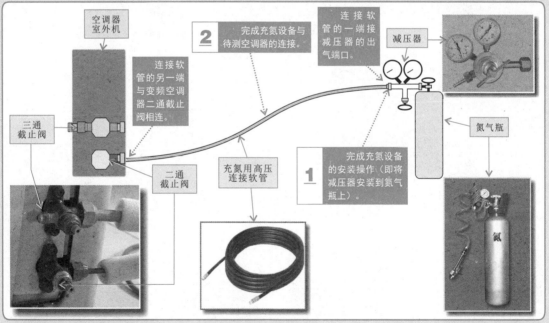

1. 完成充氮设备的安装操作

充氮设备主要由减压器和氮气瓶组成。由于氮气瓶中氮气压力较大，使用时，必须在氮气瓶阀门处接上减压器，并根据需要调节不同的排气压力，使充氮压力符合操作要求。

因此，充氮设备的安装准备工作就是将减压器安装到氮气瓶上。操作过程参看图解演示。

【减压器与氮气瓶的连接】

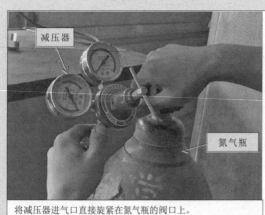

减压器

氮气瓶

氮气瓶

将减压器进气口直接旋紧在氮气瓶的阀口上。

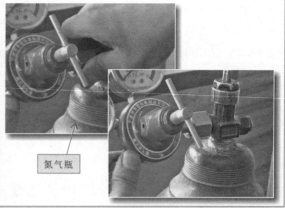

2.完成充氮设备与待测空调器的连接

　　充氮设备与待测空调器的连接，主要是用充氮用高压连接软管将充氮设备与待测空调器连接在一起。连接时，将充氮用高压连接软管的一端与减压器的出气口连接，另一端与待测空调器的二通截止阀连接即可。操作过程可参看下面的图解演示。

【减压器与空调器室外机二通截止阀的连接】

1 减压器

氮气瓶

高压
连接软管

用充氮用高压连接软管一端连接减压器的出气口。

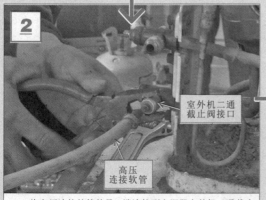

2

室外机二通
截止阀接口

高压
连接软管

将高压连接软管的另一端连接到空调器室外机二通截止阀的接口（连接室内机联机管路的接口）上。

3 氮气瓶

室外机
三通截止阀

高压
连接软管

室外机二通
截止阀接口

连接完成，为下一步充氮操作做好准备。

3.1.2 空调器充氮检漏的操作方法

充氮检漏设备连接完成后，需要根据操作规范要求按顺序打开各设备开关或阀门，然后向空调器管路中充入氮气并用洗洁精水（或肥皂水）检测有无泄漏点。

【空调器充氮检漏的操作顺序】

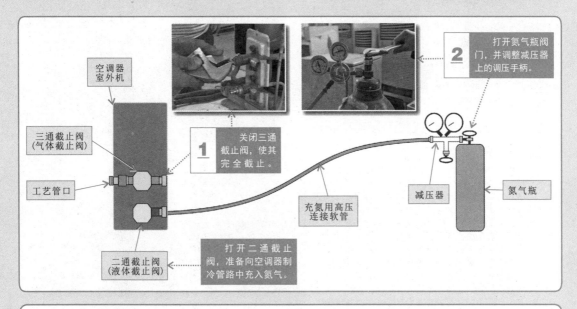

特别提醒

通常将充氮检漏的具体操作分为两步：第1步是对待测空调器进行充氮操作，第2步是对待测空调器进行检漏操作。

1. 对待测空调器进行充氮操作

充氮检漏设备连接好后，根据规范要求，按顺序打开各设备的开关或阀门，开始进行充氮操作。

【空调器充氮的操作方法】

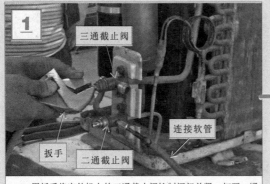

用扳手将室外机上的三通截止阀控制阀门关紧，打开二通截止阀。

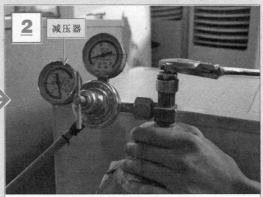

打开氮气瓶上的总阀门。

调整氮气瓶减压器上的调压手柄，使其出气压力约为1.5MPa。

特别提醒

由于制冷剂在空调器管路系统中的静态压力最高在1MPa左右，而对于系统泄漏点较小的故障部位，直接检漏无法测出，因此多采用充氮气增加系统压力的方法来检查。一般向空调器管路系统中充入氮气的压力在1.5～2MPa。

在上述操作步骤中，主要是对空调器室外机中的制冷管路进行充氮，若需要对整机制冷管路充氮检漏时，可先用联机管路将室内机与室外机连接好后，通过三通截止阀上的工艺管口向变频空调器整个管路系统充入氮气，其基本操作方法与上述方法相同。值得注意的是，对整机管路进行充氮操作时，三通截止阀应处于关闭状态，二通截止阀应处于打开状态（关于三通截止阀和二通截止阀的结构及工作原理在前面已经介绍）。

持续向变频空调器室外机管路系统中充入氮气，增加系统压力，为下一步检漏做好准备。

2.对待测空调器进行检漏操作

充氮一段时间后，空调器管路系统具备一定压力。应重点对管路的各个焊接接口部分进行检漏。检漏时可用洗洁精水（或肥皂水）检查管路各焊接点有无泄漏，以检验或确保空调器管路系统的密封性。下面我们演示一下空调器管路系统的检漏过程。

【空调器易发生泄漏故障的重点检查部位】

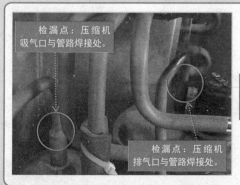

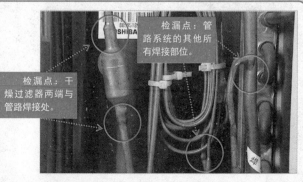

【空调器易发生泄漏故障的重点检查部位（续）】

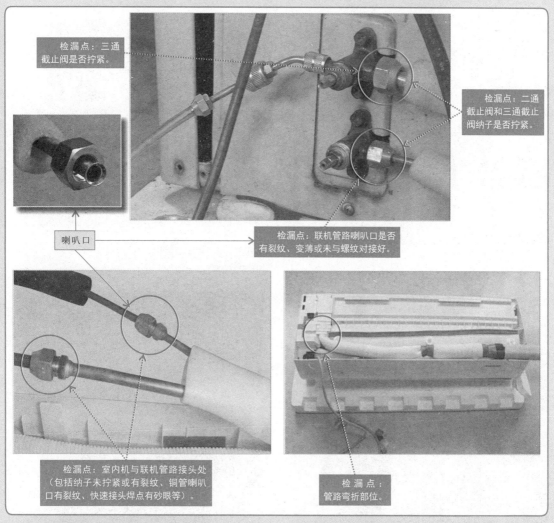

检漏点：三通截止阀是否拧紧。

检漏点：二通截止阀和三通截止阀纳子是否拧紧。

喇叭口

检漏点：联机管路喇叭口是否有裂纹、变薄或未与螺纹对接好。

检漏点：室内机与联机管路接头处（包括纳子未拧紧或有裂纹、铜管喇叭口有裂纹、快速接头焊点有砂眼等）。

检漏点：管路弯折部位。

　　了解了空调器易发生泄漏的部位后，接下来对这些部位进行检漏。下面我们演示一下空调器管路系统的检漏过程。

【空调器管路系统的检漏过程】

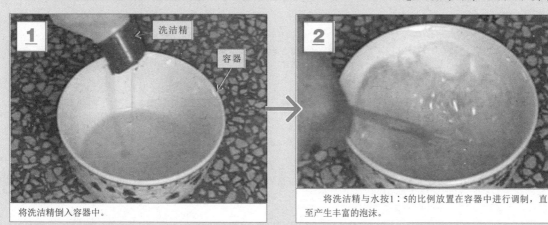

1　洗洁精　容器

将洗洁精倒入容器中。

2

将洗洁精与水按1：5的比例放置在容器中进行调制，直至产生丰富的泡沫。

【空调器管路系统的检漏过程（续）】

3

蘸有泡沫的海绵

压缩机排气口

压缩机吸气口

用海绵（或毛刷）蘸取泡沫，涂抹在压缩机吸气口、排气口焊接口处。

蘸有泡沫的海绵

压缩机排气口

压缩机吸气口

观察各涂有泡沫的接口处是否向外冒泡。若有冒泡现象说明检查部位有泄漏故障，没有冒泡说明检查部位正常。

4

电磁四通阀焊接口

用海绵（或毛刷）蘸取泡沫，涂抹在电磁四通阀各焊接口处。

5

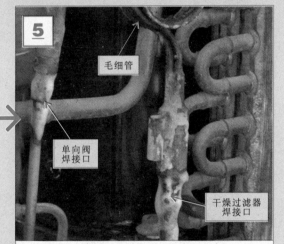

毛细管

单向阀焊接口

干燥过滤器焊接口

用海绵（或毛刷）蘸取泡沫，涂抹在干燥过滤器、单向阀各焊接口处。

特别提醒

　　根据维修经验，将常见的泄漏部位汇总如下：

● 制冷系统中有油迹的位置（空调器制冷剂R22能够与压缩机润滑油互溶，如果制冷剂泄漏，则通常会将润滑油带出，因此，制冷系统中有油迹的部位就很有可能有泄漏点，应作为重点进行检查）。

● 联机管路与室外机的连接处。

● 联机管路与室内机的连接处。

● 压缩机吸气管及排气管焊接口、四通阀根部及连接管道焊接口、毛细管与干燥过滤器焊接口、毛细管与单向阀焊接口（冷暖型空调）、干燥过滤器与系统管路焊接口等。

　　对变频空调器管路泄漏点的处理方法一般为：

● 若管路系统中焊点部位泄漏，则可补焊漏点或切开焊接部位重新气焊。

● 若四通阀根部泄漏，则应更换整个四通阀。

● 若室内机与联机管路接头纳子未旋紧，则可用活扳手拧紧接头纳子。

● 若室外机与联机管路接头处泄漏，则应将接头拧紧或切断联机管路喇叭口，重新扩口后连接。

● 若压缩机工艺管口泄漏，则应重新进行封口。

　　严禁将氧气充入制冷系统用于检漏，否则有爆炸危险。

3.2 空调器抽真空训练

在空调器的管路检修中，特别是在进行管路部件更换或管路切割操作后，空气很容易进入管路中，增加压缩机负荷，影响制冷效果。另外，空气中的水分也可能导致压缩机线圈绝缘下降，缩短使用寿命；制冷时，水分容易在毛细管部分形成冰堵引起空调器故障。因此，在空调器的管路维修完成后，在充注制冷剂之前，需要对整体管路系统进行抽真空处理。

在对空调器进行抽真空操作之前，我们首先了解一下进行抽真空操作时所用设备的使用方法或连接顺序。

3.2.1 空调器抽真空设备的连接

抽真空的设备主要包括真空泵、三通压力表阀、连接软管及转接头等设备。其作用就是将空调器管路中的空气、水分抽出，确保充注制冷剂时管路系统环境的纯净。因此，在空调器抽真空的过程中，应根据要求连接相关的抽真空设备，这也是维修空调器过程中关键的操作环节。空调器管路的抽真空操作通过空调器压缩机的工艺管口进行。

【空调器抽真空设备的连接顺序】

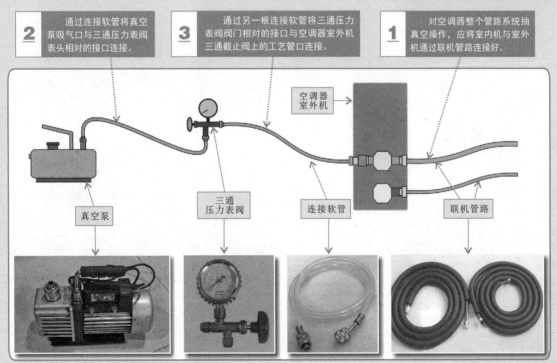

2 通过连接软管将真空泵吸气口与三通压力表阀表头相对的接口连接。

3 通过另一根连接软管将三通压力表阀阀门相对的接口与空调器室外机三通截止阀上的工艺管口连接。

1 对空调器整个管路系统抽真空操作，应将室内机与室外机通过联机管路连接好。

空调器室外机

真空泵

三通压力表阀

连接软管

联机管路

特别提醒

通常将空调器抽真空设备的连接分为3步：第1步是将待测空调器联机管路进行连接；第2步是将抽真空设备进行安装连接；第3步是将抽真空设备与待测空调器进行连接。

1. 将待测空调器联机管路进行连接

将待测空调器联机管路进行连接，主要是将待测空调器室内机与室外机之间通过联机管路进行连接。当对空调器整个管路系统进行抽真空时，应确保联机管路连接良好。

【空调器室内机与室外机之间联机管路的连接】

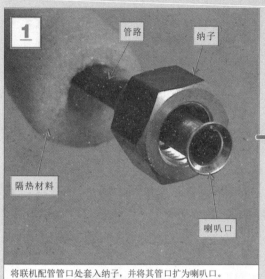

将联机配管管口处套入纳子，并将其管口扩为喇叭口。

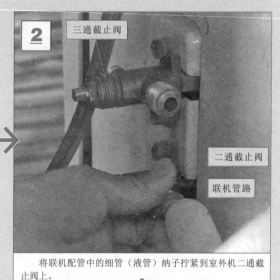

将联机配管中的细管（液管）纳子拧紧到室外机二通截止阀上。

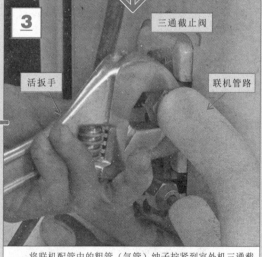

将联机配管中的粗管（气管）纳子拧紧到室外机三通截止阀上。

将待测空调器室内机与室外机之间通过联机管路连接好后，应确保联机管路连接良好。

2. 将抽真空设备进行安装连接

抽真空设备主要由真空泵、三通压力表阀组成，用于将空调器管路系统中的空气抽出，使管路系统呈真空状态，为充注制冷剂环节做好准备。抽真空设备的安装准备工作就是将真空泵通过连接软管与三通压力表阀进行连接。

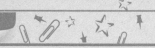

【三通压力表阀与真空泵的连接】

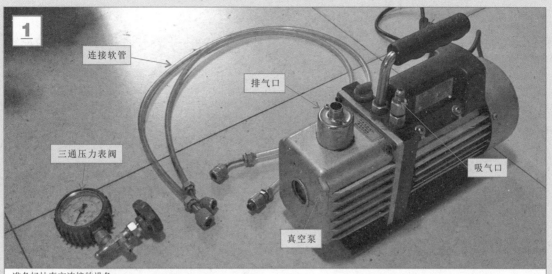

1

连接软管

排气口

三通压力表阀

吸气口

真空泵

准备好抽真空连接的设备。

2

将连接软管的一端（公制接头）与真空泵吸气口连接。

3

将连接软管的另一端与压力表表头相对的接口连接。

特别提醒

在使用三通压力表阀时，应注意控制阀门的控制状态，即在明确控制阀门打开或关闭的状态下三通阀内部三个接口的接通状态：当控制阀门处于打开状态时，三个接口均打开，处于三通状态；当控制阀门处于关闭状态时，一个接口被关闭，压力表接口与另一个接口仍打开。

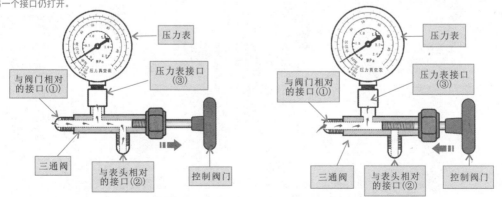

压力表

与阀门相对的接口（①）

压力表接口（③）

三通阀

与表头相对的接口（②）

控制阀门

在实际使用中，需要在控制阀门关闭的状态下，仍可使用三通压力表阀测试管路中的压力，因此将三通压力表阀中能够被控制阀门控制的接口（即接口②）连接氮气瓶、真空泵或制冷剂瓶等，不受控制阀门控制的接口（即接口①）连接压缩机的工艺管口。

3.将抽真空设备与待测空调器进行连接

　　将抽真空设备与待测空调器连接主要是使用另一根连接软管将抽真空设备与待测空调器连接在一起。操作过程可参看下面的图解演示。

【三通压力表阀与空调器室外机的连接】

1

用另一根连接软管的一端与三通压力表阀阀门相对的接口连接。

特别提醒

应将带有阀针的连接软管接头与三通截止阀工艺管口连接，以便能够将工艺管口内的阀芯压下，使其处于通的状态。若连接软管接头制式与三通截止阀接口不符，可用转接头转接后再连接。

特别提醒

抽真空设备即真空泵、三通压力表阀、三通截止阀工艺管口连接完成。若连接软管连接头制式与三通截止阀接口不符，可用转接头转接后再进行连接。

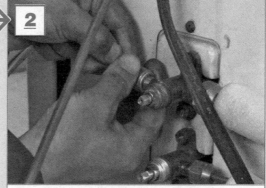

2

将连接软管的另一端与三通截止阀工艺管口连接。

特别提醒

　　空调器三通截止阀上的工艺管口有公制和英制两种，当与连接软管连接时，若无法与手头的连接软管直接连接，则此时可用转接头（英制转公制转接头或公制转英制转接头）进行转接后，再进行连接。

英制转接头（公转为英）　连接软管的公制转接头

英制转接头的螺纹端与连接软管的公制转接头连接，即可将连接软管的连接头由公制转为英制。

连接软管的公制转接头通过英制转接头后与管路连接器连接（公制转接头无法直接与管路连接器连接）。

管路连接器　连接软管的公制转接头

英制转接头

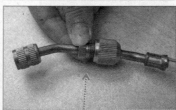

公制转接头（英转为公）　连接软管的英制转接头

公制转接头的螺纹端与连接软管的英制转接头连接，即可将连接软管的连接头由英制转为公制。

公制转接头　连接软管的英制转接头

3.2.2 空调器抽真空的操作方法

抽真空各设备连接完成后，需要根据操作规范按要求，按顺序打开各设备的开关或阀门，然后开始对空调器管路系统进行抽真空。

1. 空调器抽真空的基本操作顺序

通常可将抽真空的过程分为4个步骤：第1步，分别打开三通截止阀和二通截止阀，使其处于导通状态；第2步，打开三通压力表阀门，使其处于三通状态；第3步，按下真空泵电源开关，管路系统内的空气从真空泵的排气口排出；第4步，抽真空完毕后，首先关闭三通压力表阀，再关闭真空泵电源开关，连同连接软管一并取下。

【空调器抽真空的操作顺序】

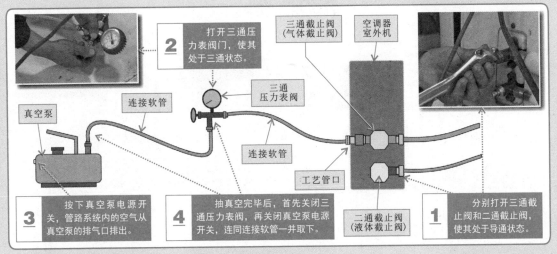

2. 空调器抽真空的基本操作方法

了解了空调器真空泵的基本操作顺序后，接下来便可进行空调器抽真空操作了。操作过程可参看下面的图解演示。

【空调器抽真空的操作方法】

用活扳手将三通截止阀的控制阀门打开，使其处于三通状态。

将室外机上的二通截止阀打开，使其处于二通状态。

特别提醒

开启阀门时，除了使用活扳手外，还可以使用内六角扳手进行开启。将内六角扳手插入定位调整口中，逆时针旋转，带动阀杆上移，离开阀座，内部管路就会连通；使用内六角扳手插入定位调整口中，顺时针旋转扳手，带动阀杆下移，直到压紧在阀座上，内部管路就会关闭。

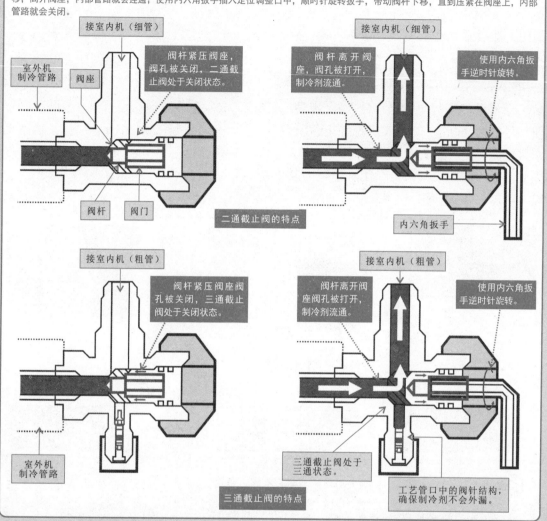

接室内机（细管）

室外机制冷管路

阀座

阀杆紧压阀座，阀孔被关闭，二通截止阀处于关闭状态。

阀杆 阀门

二通截止阀的特点

接室内机（细管）

阀杆离开阀座，阀孔被打开，制冷剂流通。

使用内六角扳手逆时针旋转。

内六角扳手

接室内机（粗管）

阀杆紧压阀座阀孔被关闭，三通截止阀处于关闭状态。

室外机制冷管路

三通截止阀的特点

接室内机（粗管）

阀杆离开阀座阀孔被打开，制冷剂流通。

使用内六角扳手逆时针旋转。

三通截止阀处于三通状态。

工艺管口中的阀针结构，确保制冷剂不会外漏。

【空调器抽真空的操作方法（续）】

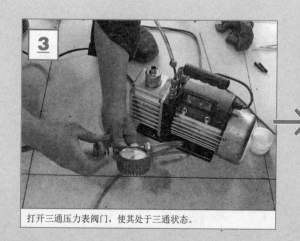

3

打开三通压力表阀门，使其处于三通状态。

4

接通真空泵电源，打开真空开关，开始抽真空。

【空调器抽真空的操作方法（续）】

真空泵

0min

10min

20min

若管路中的压力一直无法抽至-0.1MPa，则说明管路中存在泄漏点，应进行检漏和修复。

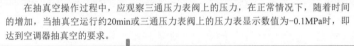

在抽真空操作过程中，应观察三通压力表阀上的压力，在正常情况下，随着时间的增加，当抽真空运行约20min或三通压力表阀上的压力表显示数值为-0.1MPa时，即达到空调器抽真空的要求。

将三通压力表阀上的阀门关闭。

将真空泵的电源关闭。关闭真空泵电源前，应先关闭三通压力表阀，否则可能会导致管路系统进入空气。

特别提醒

在抽真空操作中，开启真空泵电源前，应确保空调器整个管路系统是一个封闭的回路；二通截止阀、三通截止阀的控制阀门应打开；三通压力表阀也处于三通状态。

在抽真空操作结束后，可以保持三通压力表阀与工艺管口的连接状态，使空调器静止放置一段时间（2～5h），然后观察三通压力表上的压力指示，若压力发生变化，则说明管路中存在轻微泄漏，应对管路进行检漏操作并处理；若压力未发生变化，则说明管路系统无泄漏，此时便可进行充注制冷剂的操作了。

对空调器制冷系统中的空气进行排空操作时，除采用上述真空泵抽真空的方法外，还可采用向系统中充入制冷剂将空气顶出的方法，也可达到排除空气的目的。该方法可在上门维修设备条件不充足时采用。需要注意的是，该方法会造成制冷剂的浪费，导致维修成本上升。

3.3
空调器充注制冷剂训练

充注制冷剂是空调器制冷管路检修中重要的维修技能之一。因空调器管路检修或管路泄漏导致制冷剂减少，都需要充注制冷剂。

制冷剂的注入量和类型一定要符合空调器的标称量，注入量过多或过少都会对空调器的制冷效果产生影响。因此，在充注制冷剂前，可首先根据空调器上的铭牌标识，识别制冷剂的类型和注入量。

【通过空调器的铭牌识别制冷剂的类型和标称量】

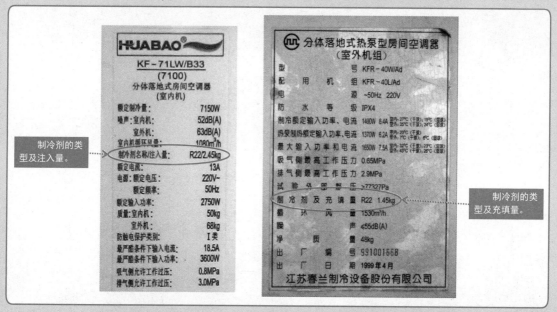

以充注R410A制冷剂为例，操作前应首先根据要求将相关的充注制冷剂设备进行连接，然后按照充注制冷剂的基本步骤操作，最后将压缩机工艺管口进行封口，完成制冷剂充注。

特别提醒

空调器所采用的制冷剂主要有R22、R407C以及R410A三种。不同类型的制冷剂化学成分不同，性能也不相同，检修或充注制冷剂过程也存在细微差别。表3-1所列为R22、R407C以及R410A制冷剂性能的对比。

制冷剂	R22	R407C	R410A
制冷剂类型	旧制冷剂（HCFC）	新制冷剂（HFC）	
成分	R22	R32/R125/R134a	R32/R125
使用制冷剂	单一制冷剂	疑似共沸混合制冷剂	非共沸混合制冷剂
氟	有	无	无
沸点／℃	−40.8	−43.6	−51.4
蒸汽压力（25℃）/MPa	0.94	0.9177	1.557
臭氧破坏系数（ODP）	0.055	0	0
制冷剂填充方式	气体	以液态从钢瓶中取出	以液态从钢瓶中取出
冷媒泄漏是否可以追加填充	可以	不可以	可以

3.3.1 空调器充注制冷剂设备的连接

　　充注制冷剂的设备主要是指盛放制冷剂的钢瓶及相关的辅助设备。其作用就是向空调器的管路系统中充注适量的制冷剂。因此，进行充注制冷剂设备连接时，需要准备的设备有制冷剂钢瓶、连接软管和三通压力表阀等。

　　充注制冷剂的操作训练与抽真空的操作相同，也是在连接好充注制冷剂设备后，将其与待修空调器进行连接，通过空调器室外机三通截止阀上的工艺管口将制冷剂充入空调器的制冷管路中，待空调器"充"入制冷剂后，即完成充注制冷剂操作。

【空调器充注制冷剂设备的连接顺序】

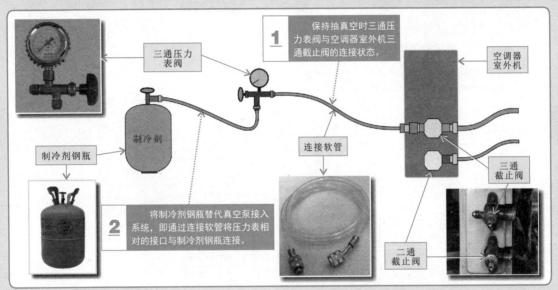

1 保持抽真空时三通压力表阀与空调器室外机三通截止阀的连接状态。

三通压力表阀

空调器室外机

制冷剂

连接软管

制冷剂钢瓶

三通截止阀

二通截止阀

2 将制冷剂钢瓶替代真空泵接入系统，即通过连接软管将压力表相对的接口与制冷剂钢瓶连接。

特别提醒

　　在空调器维修操作中，抽真空、重新充注制冷剂是完成管路部分检修后必需的、连续性的操作环节。因此，在抽真空操作时，三通压力表阀阀门相对的接口已通过连接软管与空调器室外机三通截止阀上的工艺管口接好，操作完成后，只需将氮气瓶连同减压器取下即可，其他设备或部件仍保持连接，这样在下一个操作环节时，相同的连接步骤无需再次连接，可有效减少重复性的操作步骤，提高维修效率。

【空调器充注制冷剂设备的连接方法】

1 三通压力表阀　三通截止阀工艺管口

在抽真空环节保持空调器三通截止阀工艺管口与三通压力表阀的连接，无需重复连接。

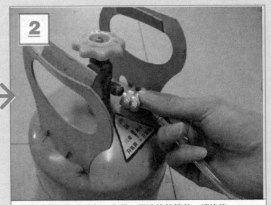

2

将制冷剂钢瓶上的阀口与另一根连接软管的一端连接。

3.3.2　空调器充注制冷剂的操作方法

　　充注制冷剂的设备连接完成后，需要根据操作规范按要求的顺序打开各设备的开关或阀门，开始对空调器管路系统充注制冷剂。

【空调器充注制冷剂设备的操作顺序】

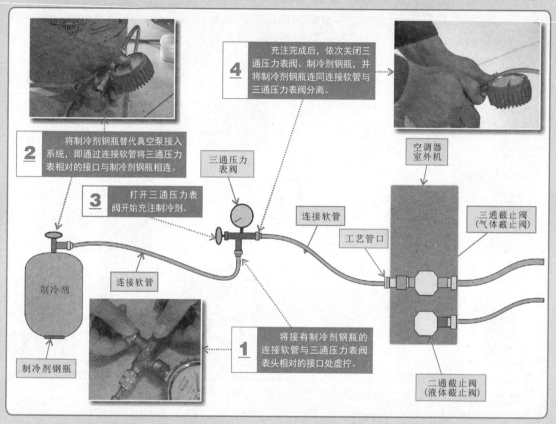

　　了解了充注制冷剂设备的操作顺序后，接下来便可进行充注制冷剂操作了。操作过程可参看下面的图解演示。

【空调器充注制冷剂设备的操作方法】

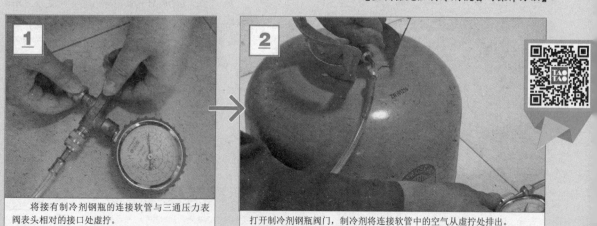

【空调器充注制冷剂设备的操作方法（续）】

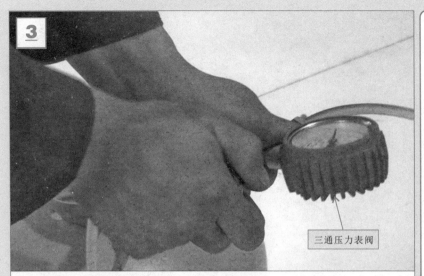

3

三通压力表阀

当连接软管虚拧处有轻微制冷剂流出时，表明空气已经排净，迅速拧紧虚拧部分。

特别提醒

在充注制冷剂时，将空调器打开，在制冷模式下运行。空调器室外机上的三通截止阀和二通截止阀应保持在打开的状态。充注时，应严格按照待充注制冷剂空调器铭牌标识上标注的制冷剂类型和充注量进行充注。若充入的量过多或过少，都会对空调器的制冷效果产生影响。

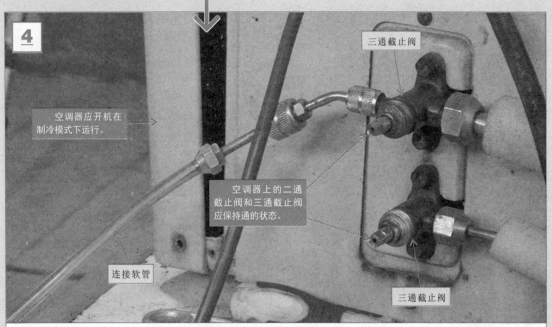

4

三通截止阀

空调器应开机在制冷模式下运行。

空调器上的二通截止阀和三通截止阀应保持通的状态。

连接软管

三通截止阀

将虚拧的连接软管拧紧，打开三通压力表阀，使其处于三通状态，开始充注制冷剂。

特别提醒

空调器充注制冷剂一般可分为5次进行充注，充注时间一般在20min内，可同时观察压力表显示的压力，判断制冷剂充注是否完成。

制冷剂充注完成后，开机制冷一段时间（至少20min）将出现以下几种情况，表明制冷剂充注成功：
- 二通截止阀、三通截止阀均有结露现象。
- 三通截止阀温度冰凉，并且低于二通截止阀的温度。
- 蒸发器表面全部结露，温度较低且均匀。
- 冷凝器从上至下，温度为热→温→接近室外温度。
- 室内机出风口温度低于进风口温度9～15℃。
- 系统运行压力为0.45MPa（夏季为0.4～0.5MPa，在冬季应不超过0.3MPa）。

【空调器充注制冷剂设备的操作方法（续）】

5

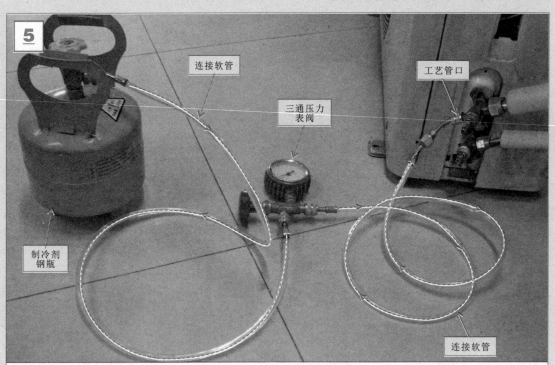

连接软管

三通压力
表阀

工艺管口

制冷剂
钢瓶

连接软管

充注制冷剂操作一般分多次完成，即开始充注制冷剂约10 s后，关闭压力表阀、制冷剂钢瓶。开机运转几分钟后，开始第二次充注，同样充注10s左右后，停止充注。再次开机运转几分钟后，开始第三次充注。

6

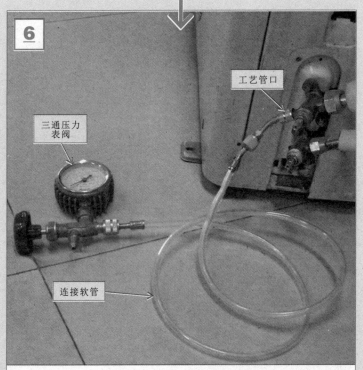

工艺管口

三通压力
表阀

连接软管

制冷剂充注完成后，依次关闭三通压力表阀、制冷剂钢瓶，并将制冷剂钢瓶连同连接软管与三通压力表阀分离。

特别提醒

根据检修经验，空调器在制冷和制热模式下，制冷剂不足和充注过量的一些基本表现归纳如下。

制冷模式下：

● 空调器室外机二通截止阀结露或结霜，三通截止阀是温热，蒸发器凉热分布不均匀，一半凉、一半温，室外机吹风不热，多表明空调器缺少制冷剂。

● 空调器室外机二通截止阀常温，三通截止阀较凉，室外机吹风温度明显较热，室内机出风温度较高，制冷系统压力较高等，多为制冷剂充注过量。

制热模式下：

● 空调器蒸发器表面温度不均匀，冷凝器结霜不均匀，三通截止阀温度高，而二通截止阀接近常温（正常温度应较高，重要判断部位）；室内机出风温度较低（正常出风口温度应高于入风口温度15℃以上），系统压力运行较低（正常制热模式下运行压力为2MPa左右）等，均表明空调器缺少制冷剂。

● 若空调器室外机二通截止阀常温，三通截止阀温度明显较高（烫手）；室内机出风口为温风；系统运行压力较高，均为制冷剂充注过量。

4.1
空调器贯流风扇组件的结构与功能

4.1.1　空调器贯流风扇组件的结构

空调器贯流风扇组件主要用于实现室内空气的强制循环对流，使室内空气进行热交换。它通常位于空调器蒸发器下方，横卧在室内机中。贯流风扇组件一般包含两部分：贯流风扇扇叶和贯流风扇驱动电动机。

【典型空调器中的贯流风扇组件】

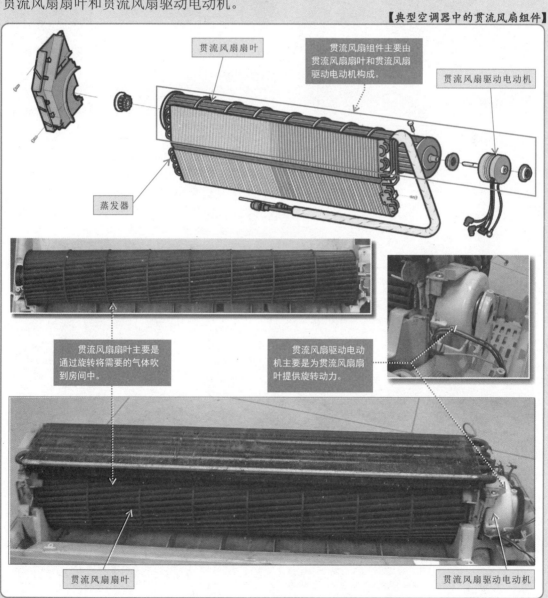

贯流风扇扇叶

贯流风扇组件主要由贯流风扇扇叶和贯流风扇驱动电动机构成。

贯流风扇驱动电动机

蒸发器

贯流风扇扇叶主要是通过旋转将需要的气体吹到房间中。

贯流风扇驱动电动机主要是为贯流风扇扇叶提供旋转动力。

贯流风扇扇叶

贯流风扇驱动电动机

特别提醒

在不同类型的空调器中，贯流风扇组件的结构略有差异，安装位置也有所区别，但均是用来实现送出空调器内的气体。

将柜式空调器室内机中高效过滤网取下后，即可以看到贯流风扇组件（贯流离心风扇和离心风扇驱动电动机）。

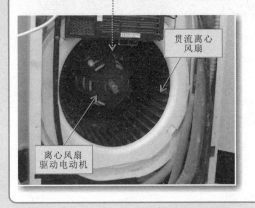

贯流离心风扇

离心风扇驱动电动机

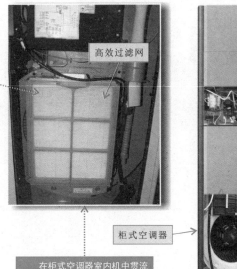

高效过滤网

柜式空调器

在柜式空调器室内机中贯流风扇组件通常安装在下部，在其前面安装有高效过滤网。

1. 贯流风扇扇叶

目前常用空调器多为分体壁挂式，该类空调器中贯流风扇组件的贯流风扇扇叶通常为细长的离心叶片，这种扇叶具有结构紧凑、叶轮直径小、长度大、风量大、风压低、转速低和噪声小等特点。

【贯流风扇扇叶的实物外形】

蒸发器

在贯流风扇扇叶的一端需要与贯流风扇驱动电动机相连并由固定螺钉进行固定。

贯流风扇扇叶

贯流风扇扇叶的结构较为紧凑，这种扇叶可以把气体以无涡旋的形式深深吹到空间中。这种风扇的轴向较长，从而使风量很大，送风均匀。

特别提醒

贯流风扇扇叶构成圆柱形，在靠近扇叶驱动电动机的部位，通常缺少一根扇叶，该设计主要是为了形成"孔洞"，通过该"孔洞"可以装卸紧固螺钉。

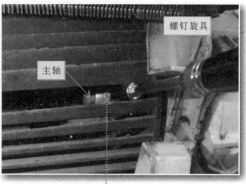

螺钉旋具

主轴

主轴

在贯流风扇扇叶的一端缺少一根扇叶，主要是用来安装固定螺钉，通过主轴可以实现贯流风扇扇叶与贯流风扇驱动电动机的连接固定。

2. 贯流风扇驱动电动机

贯流风扇驱动电动机通常位于空调器室内机的一端。贯流风扇驱动电动机多采用交流电动机，通过贯流风扇的主轴直接与贯流风扇扇叶相连，用于带动贯流风扇扇叶转动。

【贯流风扇驱动电动机的实物外形】

在贯流风扇驱动电动机的内部安装有霍尔元件，用来检测电动机转速，检测到的转速信号送入微处理器中，主控电路可准确地控制贯流风扇电动机的转速。

贯流风扇
驱动电路

霍尔元件电路

YFK-16-4-H500 RESIN-PACKED MOTOR OF ROOM AIR CONDITIONER

1.5μF/450V

225V~ 50Hz
16W 4P
0.19A E C

M

WHITE ○ Vout
BLUE
BROWN ○ Vcc
RED
YELLOW BLACK ○

ROTATION

A032732

JIANGSU SOUTHERN SINYA ELECTRIC CO.,LTD

贯流风扇驱动电动机位于室内机的一侧，通过连接导线与电源电路和控制电路部分进行连接。在该电动机表面可以清楚看到相关的驱动电路以及内部的相关元器件。

连接导线

1.5μF

AC
220V

贯流风扇
驱动电动机

M

霍尔IC

V_{CC}

PG(速度信号)

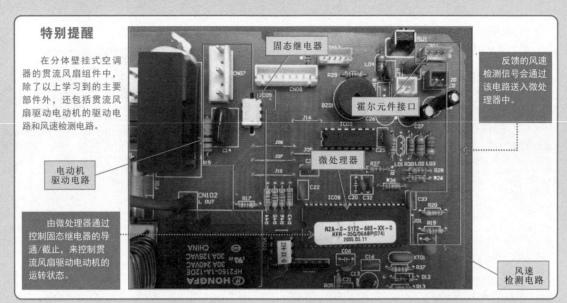

特别提醒

在分体壁挂式空调器的贯流风扇组件中，除了以上学习到的主要部件外，还包括贯流风扇驱动电动机的驱动电路和风速检测电路。

固态继电器

霍尔元件接口

反馈的风速检测信号会通过该电路送入微处理器中。

微处理器

电动机驱动电路

由微处理器通过控制固态继电器的导通/截止，来控制贯流风扇驱动电动机的运转状态。

风速检测电路

　　在学习空调器贯流风扇组件的结构时，可以结合电路部分，通过电路与实物的对照更形象地找到相关的控制部件，从而对了解组件的功能带来很大帮助。

【贯流风扇组件与电路部分的对照】

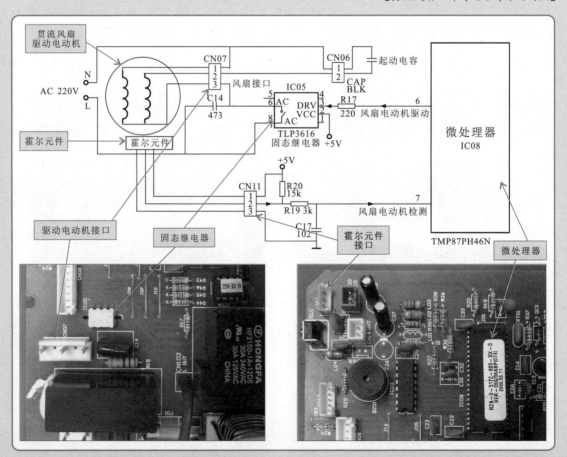

4.1.2 空调器贯流风扇组件的功能

贯流风扇组件在空调器中主要是用于实现对室内空气的强制循环对流，进行热交换。在贯流风扇组件中由电源电路为其供电，以便提供工作条件；由微处理器为其提供驱动信号，用以控制贯流风扇驱动电动机的动作。

【贯流风扇组件的功能】

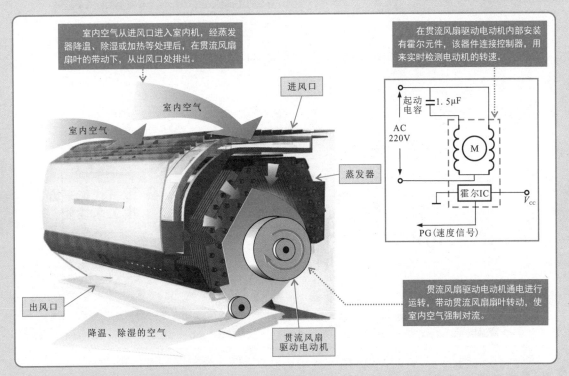

通过以上学习知道了贯流风扇组件的功能，接下来进一步详细地学习贯流风扇组件是通过怎样的控制实现了该功能。

【贯流风扇组件的控制过程】

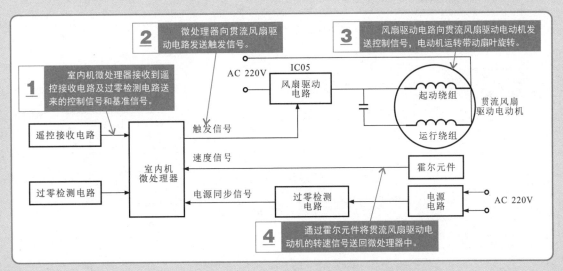

学习贯流风扇组件的功能时，可结合相关电路图以实际的样机进行分析，从而更加深入地了解贯流风扇组件内各部件之间的相互配合以及过程。

【典型空调器贯流风扇组件的控制过程】

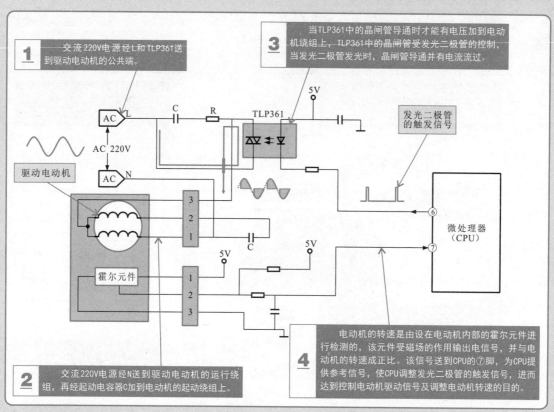

1 交流220V电源经L和TLP361送到驱动电动机的公共端。

2 交流220V电源经N送到驱动电动机的运行绕组，再经起动电容器C加到电动机的起动绕组上。

3 当TLP361中的晶闸管导通时才能有电压加到电动机绕组上，TLP361中的晶闸管受发光二极管的控制，当发光二极管发光时，晶闸管导通并有电流流过。

4 电动机的转速是由设在电动机内部的霍尔元件进行检测的，该元件受磁场的作用输出电信号，并与电动机的转速成正比。该信号送到CPU的⑦脚，为CPU提供参考信号，使CPU调整发光二极管的触发信号，进而达到控制电动机驱动信号及调整电动机转速的目的。

特别提醒

由于晶闸管上所加的是交流220V电压，电流方向是交替变化的，因而每半个周期要对晶闸管触发一次才能维持连续供电。改变触发脉冲的相位关系，可以控制供给电动机的能量，从而改变速度。

改变发光二极管触发信号的"相位"。

交流220V所供给驱动电动机的"能量"也会随之改变。

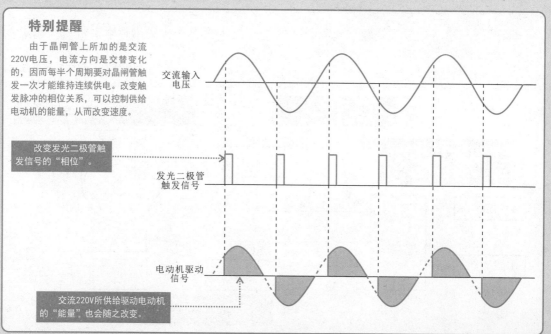

4.2

空调器贯流风扇组件的拆卸、检测与代换

第4章

4.2.1 空调器贯流风扇组件的拆卸

贯流风扇组件安装在空调器室内机体内,贯流风扇扇叶安装在蒸发器下方,横卧在室内机中;贯流风扇扇叶驱动电动机安装在贯流风扇扇叶的一端。拆卸时,应根据相应的安装位置,从外到内进行拆卸。

【贯流风扇组件的拆卸流程】

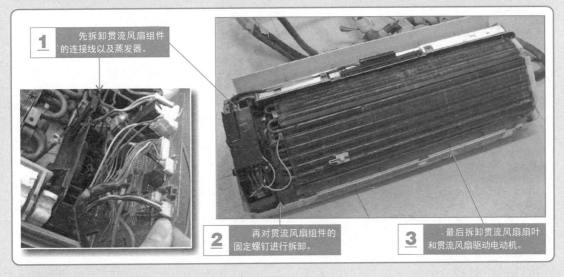

1 先拆卸贯流风扇组件的连接线以及蒸发器。

2 再对贯流风扇组件的固定螺钉进行拆卸。

3 最后拆卸贯流风扇扇叶和贯流风扇驱动电动机。

 1. 连接插件及蒸发器的拆卸

由于贯流风扇组件中的贯流风扇驱动电动机与电路板之间是通过连接线进行连接的,因此在拆卸该组件前应先将接插件拔下,然后再取下贯流风扇扇叶上方的蒸发器。

【贯流风扇组件连接线及蒸发器的拆卸】

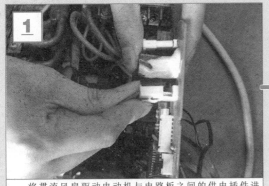

1 将贯流风扇驱动电动机与电路板之间的供电插件进行分离。

2 拔下贯流风扇驱动电动机内霍尔元件与电路板间的插件。

【贯流风扇组件连接线及蒸发器的拆卸（续）】

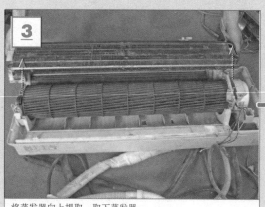

将蒸发器向上提取，取下蒸发器。

完成连接线及蒸发器的拆卸。

 2. 固定螺钉的拆卸

取下蒸发器后，即可看到贯流风扇组件，该组件通常是由固定螺钉固定在空调器室内机的外壳上，接下来则需要对固定贯流风扇组件的螺钉进行拆卸。

【贯流风扇组件连接线及蒸发器的拆卸】

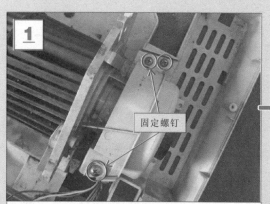

固定螺钉

首先找到固定贯流风扇组件的固定螺钉。

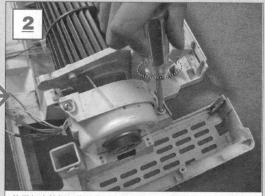

使用相应的螺钉旋具将固定螺钉一一拧下来。

取下固定支架后，即可以看到贯流风扇组件的整体，接下来则需要对该组件中主要部件进行分离。

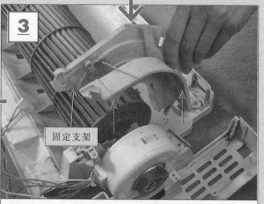

固定支架

取下固定贯流风扇的固定支架。

3. 贯流风扇扇叶和驱动电动机的拆卸

拆卸贯流风扇扇叶和驱动电动机时，可将该组件先从空调器室内机外壳中取出，然后找到两者之间的固定螺钉，拧下并进行分离，最终完成贯流风扇组件的拆卸。

【贯流风扇扇叶和驱动电动机的拆卸】

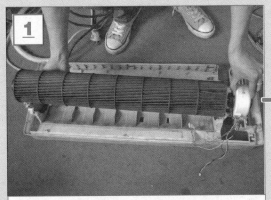

首先取出贯流风扇组件。

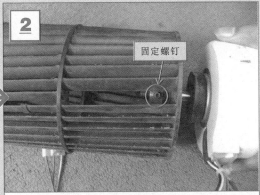

固定螺钉

找到贯流风扇组件之间的固定螺钉。

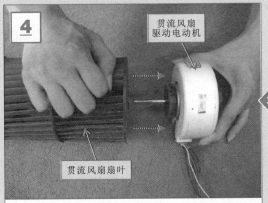

贯流风扇驱动电动机

贯流风扇扇叶

取下贯流风扇驱动电动机，完成拆卸。

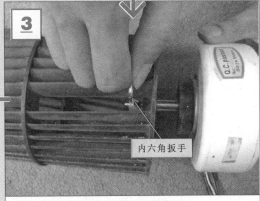

内六角扳手

使用大小合适的内六角扳手将固定螺钉拧下。

特别提醒

在对贯流风扇组件进行拆卸的过程中，应注意将拆卸的各部件妥善的统一保管，如固定螺钉、蒸发器和室内机外壳等，避免丢失或是意外损坏。

将贯流风扇组件拆卸完成后，则可以使用专用工具，对相关的部件进行检测，若有损坏，则需要及时进行更换。

贯流风扇驱动电动机的连接导线以及对应的接插件。

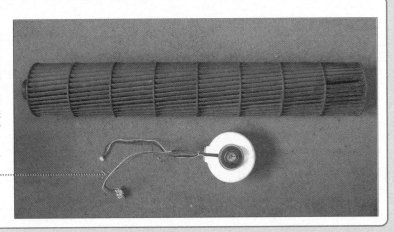

4.2.2 空调器贯流风扇组件的检测与代换

贯流风扇组件出现故障后，空调器可能会出现出风口不出风、制冷效果差或室内温度达不到指定温度等现象。若怀疑贯流风扇组件损坏，就需要按照步骤对贯流风扇组件中的贯流风扇扇叶、贯流风扇驱动电动机进行检测，若有损坏的迹象，则需要及时进行代换，以排除故障。

【贯流风扇组件的检测】

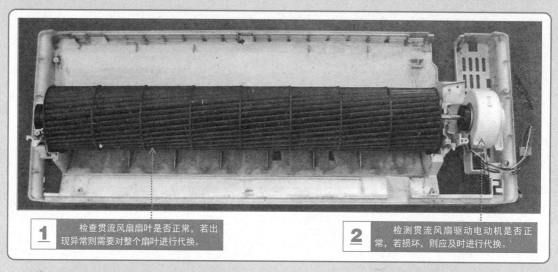

1 检查贯流风扇扇叶是否正常，若出现异常则需要对整个扇叶进行代换。

2 检测贯流风扇驱动电动机是否正常，若损坏，则应及时进行代换。

1. 贯流风扇扇叶的检测代换

检查贯流风扇扇叶是否正常时，主要是查看扇叶是否变形、灰尘是否过多以及是否有异物等。

由于空调器长时间未使用时，贯流风扇的扇叶会堆积大量灰尘，造成风扇送风效果差的现象。出现此种情况时，首先检查贯流风扇外观及周围是否有异物，若扇叶被异物卡住，散热效果将大幅度降低，严重时，还会造成贯流风扇驱动电动机损坏。

【贯流风扇扇叶的检测代换方法】

1 贯流风扇扇叶表面的污垢较为严重，直接影响空调器送风的效果。

检查贯流风扇扇叶外观是否出现变形、破损或脏污的现象。

2 清洁刷

使用清洁刷清洁有污垢的贯流风扇扇叶。

特别提醒

在对贯流风扇扇叶进行检查时，若贯流风扇扇叶存在严重脏污、变形或破损无法运转时，则需要用相同规格、大小的扇叶进行代换，若只是脏污较为严重时，可使用清洁刷对扇叶进行清洁处理。

2. 贯流风扇驱动电动机的代换

　　贯流风扇组件工作异常时，若经检查贯流风扇扇叶正常，则接下来应对贯流风扇驱动电动机进行仔细检查。

　　贯流风扇驱动电动机是贯流风扇组件中的核心部件，在贯流风扇正常的前提下，若贯流风扇驱动电动机不转或是转速异常，则需要通过万用表对贯流风扇驱动电动机绕组的阻值以及内部霍尔元件间的阻值进行检测，来判断贯流风扇驱动电动机是否出现故障。

【贯流风扇驱动电动机的检测代换】

1

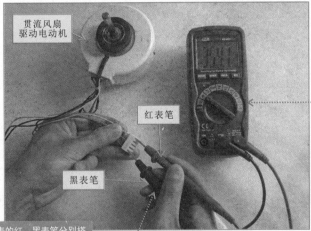

贯流风扇
驱动电动机

红表笔

黑表笔

将万用表的红、黑表笔分别搭在贯流风扇驱动电动机绕组端的任意两引脚，检测其阻值。

将万用表的挡位调整至欧姆挡进行检测。

检测完成后，观察万用表显示的阻值是否正常。

特别提醒

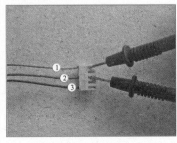

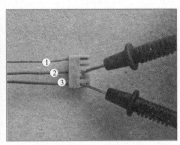

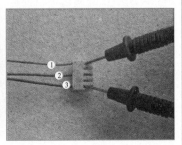

　　使用同样的检测方法，分别对电动机内各绕组的阻值进行检测：

　　将红黑表笔分别搭在贯流风扇驱动电动机绕组连接插件的①脚和②脚，可测得其阻值为0.730kΩ；检测②脚和③脚时，可测得其阻值为0.375kΩ；检测①脚和③脚时，可测得其阻值为354.1Ω。

　　在检测贯流风扇驱动电动机时，若发现某两个接线端的阻值与正常值偏差较大，则说明贯流风扇驱动电动机内绕组可能存在异常，应更换贯流风扇驱动电动机。

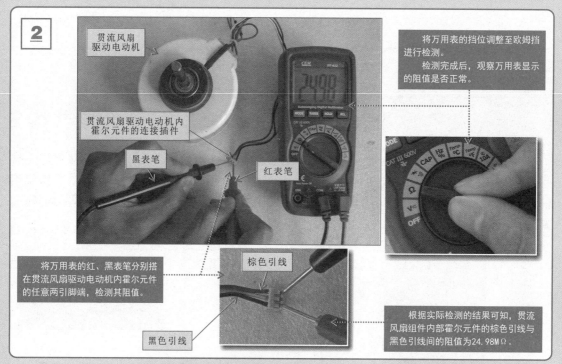

2

贯流风扇驱动电动机

贯流风扇驱动电动机内霍尔元件的连接插件

黑表笔

红表笔

将万用表的挡位调整至欧姆挡进行检测。
检测完成后，观察万用表显示的阻值是否正常。

将万用表的红、黑表笔分别搭在贯流风扇驱动电动机内霍尔元件的任意两引脚端，检测其阻值。

棕色引线

黑色引线

根据实际检测的结果可知，贯流风扇组件内部霍尔元件的棕色引线与黑色引线间的阻值为24.98MΩ。

特别提醒

使用万用表检测贯流风扇驱动电动机内霍尔元件白色引线与棕色引线间的阻值。

使用万用表检测贯流风扇驱动电动机内霍尔元件白色引线与黑色引线间的阻值。

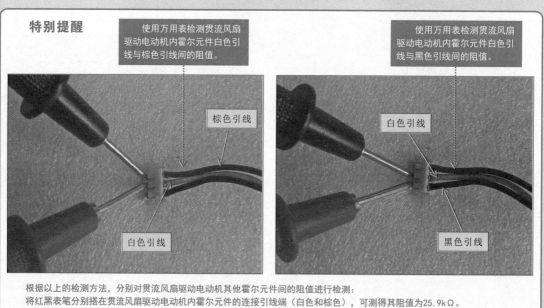

棕色引线

白色引线

白色引线

黑色引线

根据以上的检测方法，分别对贯流风扇驱动电动机其他霍尔元件间的阻值进行检测：
将红黑表笔分别搭在贯流风扇驱动电动机内霍尔元件的连接引线端（白色和棕色），可得其阻值为25.9kΩ。
将红黑表笔分别搭在贯流风扇驱动电动机内霍尔元件的连接引线端（白色和黑色），可得其阻值为20.3MΩ。
在检测贯流风扇驱动电动机内霍尔元件时，正常情况下各引脚间应有一定的阻值，若发现某两个接线端的阻值与正常值偏差较大，则说明贯流风扇驱动电动机内霍尔元件可能存在异常，应对贯流风扇驱动电动机进行更换。

　　经检测，若发现贯流风扇驱动电动机损坏，此时就需要根据损坏贯流风扇驱动电动机的类型、型号和大小等规格参数选择适合的器件进行代换，代换完成后，需要将贯流风扇组件安装到空调器室内机中，通电进行试机。

【贯流风扇驱动电动机的代换方法】

1

原贯流风扇驱动电动机的实物外形

新贯流风扇驱动电动机的实物外形

代换贯流风扇驱动电动机前，应先选择规格参数相同的驱动电动机进行代换。

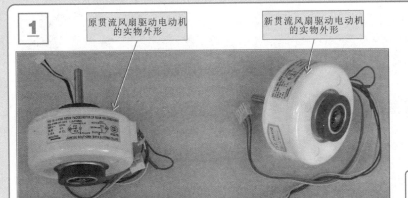

YFK-16-4-HS03 RESIN-PACKED MOTOR OF
RZA-0-0000-0G5-XX-0 1.5μF/450V
220V~ 50Hz
16W 4P
0.19A E CL
ROTATION
JIANGSU SOUTHERN S

型号：YFK-16-4-HS03
额定电压：220V 频率：50Hz
额定功率：16W

2

将新的贯流风扇驱动电动机与扇叶进行连接。

3

用工具拧紧固定螺钉使驱动电动机与扇叶固定。

5

将固定支架安装在贯流风扇组件中并使用螺钉进行固定。

4

将贯流风扇组件安装在室内机外壳中。

特别提醒

将贯流风扇组件固定好后，最后需要将贯流风扇驱动电动机的各接插件与电路板进行连接；霍尔元件的接插件与电路板中的控制插件端相连接，并进行通电运行，完成贯流风扇驱动电动机的代换。

将贯流风扇驱动电动机的各接插件与控制电路板进行连接。

第5章 空调器导风板组件的检测与代换训练

5.1 空调器导风板组件的结构与功能

5.1.1 空调器导风板组件的结构

空调器导风板组件主要用来改变空调器吹出的风向，扩大送风面积，增强房间内空气的流动性，使温度均匀。在空调器室内机中，导风板组件通常位于上部。其主要是由导风板和驱动电动机构成。导风板包括垂直导风板和水平导风板，其中垂直导风板安装在外壳上，而水平导风板则安装在内部机架上，位于蒸发器的侧面，由驱动电动机驱动。

【典型空调器导风板组件的基本构成】

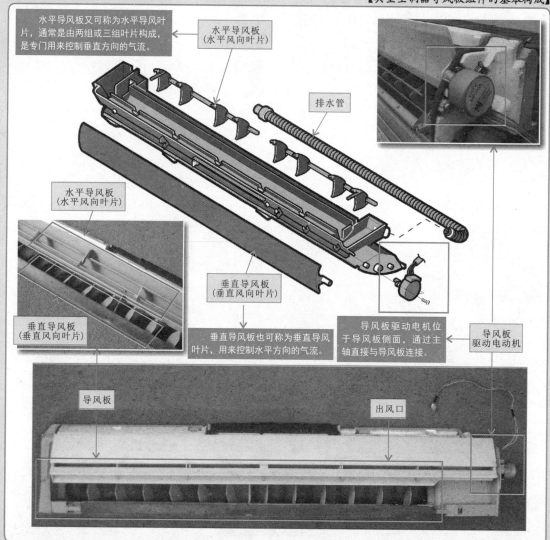

水平导风板又可称为水平导风叶片，通常是由两组或三组叶片构成，是专门用来控制垂直方向的气流。

水平导风板（水平风向叶片）

排水管

水平导风板（水平风向叶片）

垂直导风板（垂直风向叶片）

垂直导风板（垂直风向叶片）

垂直导风板也可称为垂直导风叶片，用来控制水平方向的气流。

导风板驱动电机位于导风板侧面，通过主轴直接与导风板连接。

导风板驱动电动机

导风板

出风口

特别提醒

不同类型的空调器中，导风板组件的结构和原理略有差异，安装位置也有所区别，主要可以分为分体壁挂式和分体柜式两种。

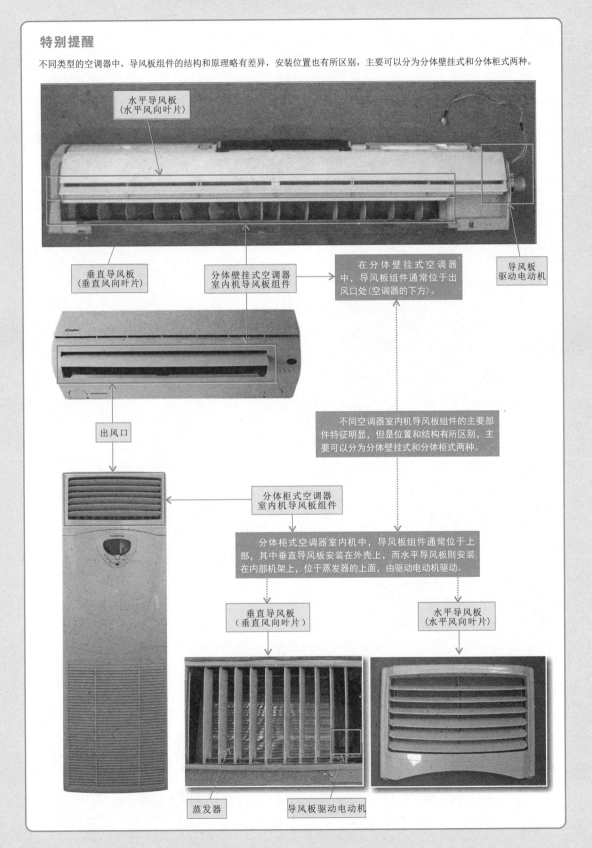

水平导风板
（水平风向叶片）

垂直导风板
（垂直风向叶片）

分体壁挂式空调器
室内机导风板组件

在分体壁挂式空调器中，导风板组件通常位于出风口处（空调器的下方）。

导风板
驱动电动机

出风口

不同空调器室内机导风板组件的主要部件特征明显，但是位置和结构有所区别，主要可以分为分体壁挂式和分体柜式两种。

分体柜式空调器
室内机导风板组件

分体柜式空调器室内机中，导风板组件通常位于上部，其中垂直导风板安装在外壳上，而水平导风板则安装在内部机架上，位于蒸发器的上面，由驱动电动机驱动。

垂直导风板
（垂直风向叶片）

水平导风板
（水平风向叶片）

蒸发器

导风板驱动电动机

1. 导风板驱动电动机

导风板电动机是驱动导风板摆动的动力源，以满足用户调整风向的要求。其位于空调器室内机导风板的一端，多采用步进电动机，通过主轴直接与导风板相连，用于带动导风板摆动，从而控制气流的方向。

【导风板驱动电动机的结构】

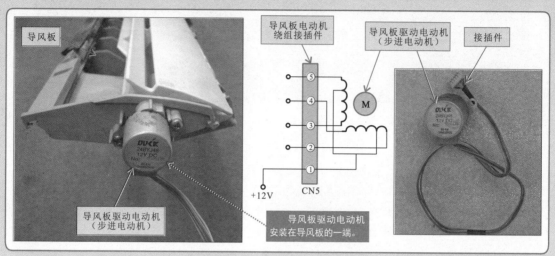

2. 导风板

导风板通常分为水平导风板和垂直导风板，主要是用来控制水平和垂直方向的气流，位于室内机出风口处，在导风板驱动电动机的作用下上下、左右摆动。导风板组件中的垂直导风板，又称为垂直导风叶片，可控制水平方向的气流；水平导风板，又称为水平导风叶片，通常是由两组或三组叶片构成，是专门用来控制垂直方向的气流。

【导风板的结构】

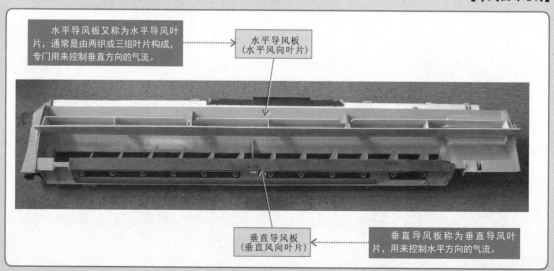

5.1.2 空调器导风板组件的功能

空调器导风板组件的主要功能是控制及改变空调器室内机吹出气流的风向，扩大送风面积，增强室内空气的流动速度，提高空调的效果，该组件通常安装在室内机的出风口处，也就是室内机的下方。

【典型空调器导风板组件的功能】

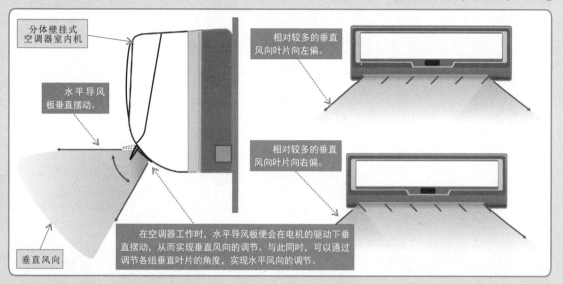

当空调器的供电电路接通后，由控制电路发出控制指令并起动导风板驱动电动机，同时带动组件中的导风板摆动。

【典型空调器导风板组件的控制过程】

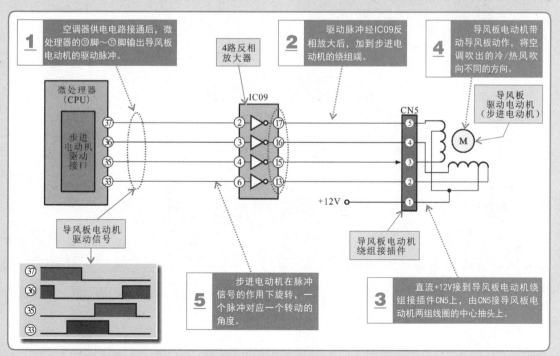

5.2
空调器导风板组件的检测、拆卸与代换

第5章

导风板组件出现故障后，空调器可能会出现空调出风口的风向不能调节等现象。若怀疑导风板组件出现故障，就需要分别对导风板组件中的导风板、导风板电动机等进行检测。一旦发现故障，就需要寻找可替代的器件进行代换。

5.2.1 空调器导风板组件的检测

对导风板组件进行检修时，首先检查导风板的外观及周围是否损坏。若没有发现机械损伤，可再对导风板电动机部分进行检查。

1. 对导风板进行检查

首先检查导风板的外观及周围是否损坏，经检查若导风板被异物卡住，则会造成空调器出风口不出风或无法摆动的现象。

【导风板的检查方法】

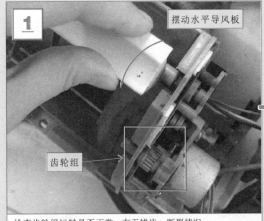

检查齿轮组运转是否正常，有无错齿、断裂情况。

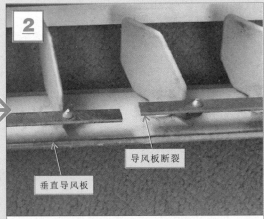

检查垂直导风板的外观有无破损或断裂的现象。

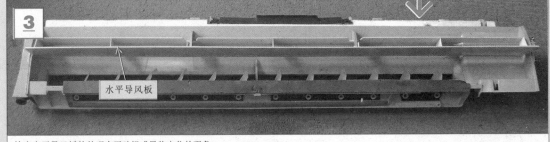

检查水平导风板的外观有无破损或异物卡住的现象。

特别提醒

若导风板存在严重的破损或脏污现象，则需要用相同规格的导风板进行代换，或使用清洁刷对导风板进行清洁处理。

2. 对导风板驱动电动机进行检查

导风板组件工作异常时，若经检查导风板机械部分均正常，则接下来应对导风板驱动电动机进行检查，检测时可使用万用表检测导风板驱动电动机阻值的方法判断其好坏。

【导风板驱动电动机的检查方法】

特别提醒

该导风板驱动电动机是步进电动机，驱动信号由CPU㊽～�51脚输出，经IC702放大后去驱动电动机。分别检测CPU的输出信号和IC702的输出信号可以判断故障。IC702的输出信号与CPU的输出信号相位相反。如有驱动信号，而电动机不转，则电动机有故障，如无信号，再查电源供电，电源供电正常则驱动电路有故障。水平导风板驱动电动机的电路和垂直导风板驱动电动机的电路基本相同，只是CPU的引脚不同，驱动信号的波形示于图中。

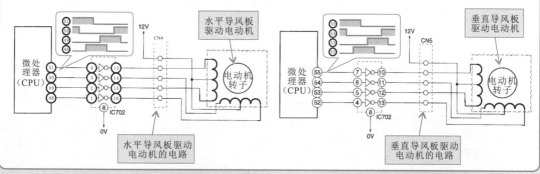

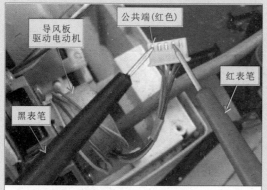

将万用表的红黑表笔任意搭接在导风板电动机的接插件中，分别检测各引脚间的阻值。

正常情况下，导风板驱动电动机内各绕组间应有一定的阻值。

特别提醒

正常情况下，检测导风板驱动电动机任意两个引脚之间，应能检测到一定的阻值。经检测，发现该导风板驱动电动机（脉冲步进电动机）红色引线为公共端，与其他任意引脚之间的阻值为0.375Ω，由此可判断，该导风板驱动电动机正常。

测得导风板电动机各引脚间的阻值见下表所列。若测得的阻值为∞，则说明内部绕组出现断路故障，损坏；若测得的阻值为0Ω，则说明内部绕组短路，损坏。

引脚颜色	红	橙	黄	粉	蓝
红	—	0.375kΩ	0.375kΩ	0.375kΩ	0.375kΩ
橙	0.375kΩ	—	0.75kΩ	0.75kΩ	0.75kΩ
黄	0.375kΩ	0.75kΩ	—	0.75kΩ	0.75kΩ
粉	0.375kΩ	0.75kΩ	0.75kΩ	—	0.75kΩ
蓝	0.375kΩ	0.75kΩ	0.75kΩ	0.75kΩ	—

5.2.2 空调器导风板组件的拆卸与代换

导风板驱动电动机老化或出现无法修复的故障时，就需要使用同型号或参数相同的导风板驱动电动机进行代换，在代换之前需要将损坏的导风板驱动电动机取下。

 1. 对导风板驱动电动机进行拆卸

导风板组件安装在空调器室内机的出风口处，去掉外壳后可以发现在垂直导风板的侧面安装有导风板驱动电动机，用来带动导风板工作。导风板组件安装较为简单，拆卸时可按照从外到内的顺序逐一进行。对导风板组件进行拆卸时，首先是对接插件进行拆卸，其次是对电控盒进行拆卸，再对导风板组件进行拆卸，最后对导风板驱动电动机进行拆卸。

【导风板驱动电动机的拆卸】

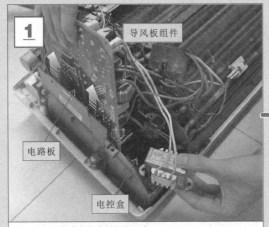
将室内机电控盒中的电路板取下来。

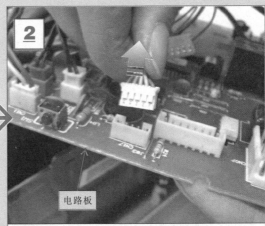
将导风板驱动电动机与电路板之间的连接线拔下。

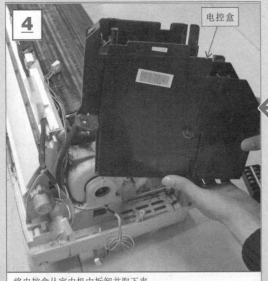
将电控盒从室内机中拆卸并取下来。

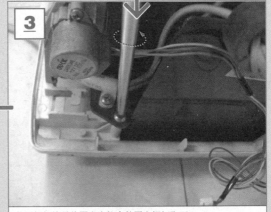
使用螺钉旋具将固定电控盒的固定螺钉取下。

特别提醒

由于导风板组件被电控盒挡住，所以在拆卸导风板组件前，需要先取下电控盒。

【导风板驱动电动机的拆卸（续）】

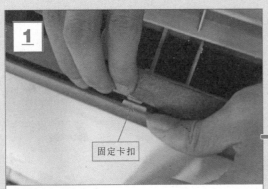

1

固定卡扣

将固定卡扣掰开。

特别提醒
　　导风板组件采用卡扣的方式固定在室内机中，因此掰开固定卡扣即可取下导风板组件。

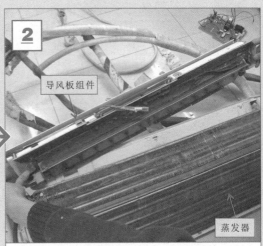

2

导风板组件

蒸发器

将导风板组件与室内机进行分离。

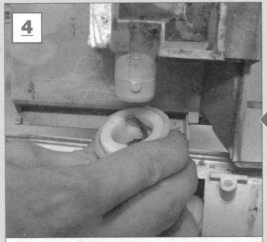

3

排水管

　　在导风板组件的左下方，可以看到排水管与导风板组件相连。

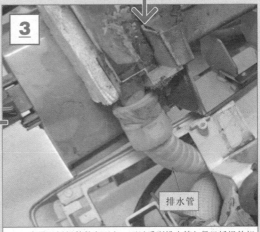

4

将排水管与导风板组件进行分离。

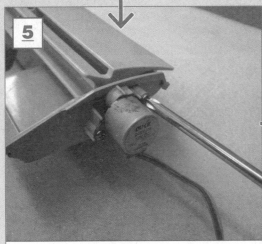

5

选用大小合适的螺钉旋具将固定螺钉拧下。

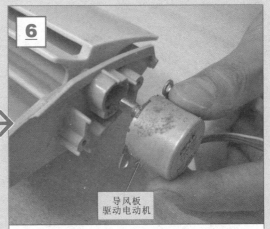

6

导风板驱动电动机

　　将导风板驱动电动机向外取出，分离导风板驱动电动机和导风板。

2. 对导风板驱动电动机进行代换

将损坏的导风板驱动电动机拆下后，根据损坏的导风板驱动电动机类型、型号和大小等规格参数选择适合的电动机进行代换。

【导风板驱动电动机的代换】

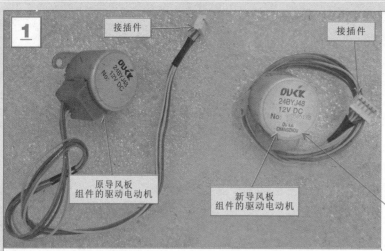

1　接插件　接插件

在选用导风板驱动电动机时，可根据表面的规格标识进行选配。

原导风板组件的驱动电动机

新导风板组件的驱动电动机

导风板驱动电动机的规格标识

选择合适的导风板驱动电动机。

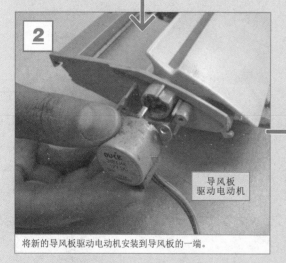

2

导风板驱动电动机

将新的导风板驱动电动机安装到导风板的一端。

3

使用固定螺钉将导风板驱动电动机固定在导风板的一端。

特别提醒

安装完成的导风板驱动电动机。

4　导风板组件

将导风板组件安装回室内机，并通电运行，导风板运转正常。

第6章　空调器轴流风扇组件的检测与代换训练

6.1
空调器轴流风扇组件的结构与功能

6.1.1　空调器轴流风扇组件的结构

空调器的轴流风扇组件安装在室外机内，位于冷凝器的内侧，主要由轴流风扇驱动电动机、轴流风扇扇叶和轴流风扇起动电容器组成，其主要作用是确保室外机内部热交换部件（冷凝器）良好的散热。

【典型空调器中的轴流风扇组件】

室外机外壳

AC 220V

起动绕组

运行绕组

起动电容器

轴流风扇
驱动电动机

冷凝器

固定支架

轴流风扇扇叶

轴流风扇驱动电动机
位于扇叶后方，为扇叶提
供动力。

1. 轴流风扇驱动电动机

空调器室外机轴流风扇组件中的轴流风扇驱动电动机，主要用于带动轴流式风扇扇叶旋转，从而加速室外机空气流动。

【轴流风扇驱动电动机的实物外形】

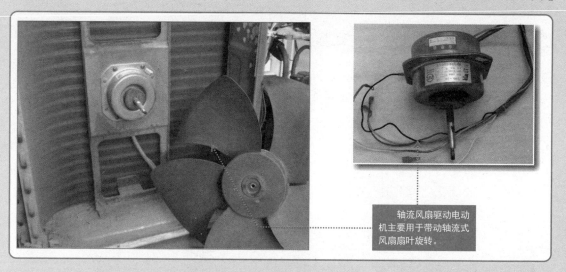

轴流风扇驱动电动机主要用于带动轴流式风扇扇叶旋转。

空调器中的轴流风扇驱动电动机多为单相交流电动机，其内部主要由转子、转轴、轴承、定子铁心和绕组等构成的。

【轴流风扇驱动电动机的内部结构】

电动机后端盖　连接引线　电动机前端盖　定子铁心　胶垫　绕组　轴承　转子　垫圈　转轴　轴承

特别提醒

轴流风扇驱动电动机有两个绕组，即起动绕组和运行绕组。这两个绕组在空间位置上相差90°。在起动绕组中串联了一个容量较大的交流电容器，当运行绕组和起动绕组中通过单相交流电时，由于电容器的作用，起动绕组中的电流在相位上比运行绕组中的电流超前90°，使定子相对于转子产生一个转矩，从而形成旋转磁场，于是转子在磁场的作用下旋转起来。

2. 轴流风扇起动电容器

轴流风扇起动电容器一般安装在室外机的电路板或支架上，用于起动轴流风扇驱动电路，也是轴流风扇组件中的重要部件之一。

【轴流风扇起动电容器的实物外形】

空调器室外机

有些空调器轴流风扇起动电容器是通过固定螺钉固定在室外机中。

电路板

有些空调器轴流风扇起动电容器采用焊接的方式焊接在电路板中。

3. 轴流风扇扇叶

轴流风扇扇叶通常制成螺旋桨形，对轴向气流产生很大的推力，将冷凝器散发的热量吹向机外，加速冷凝器的冷却。

【轴流风扇扇叶的实物外形】

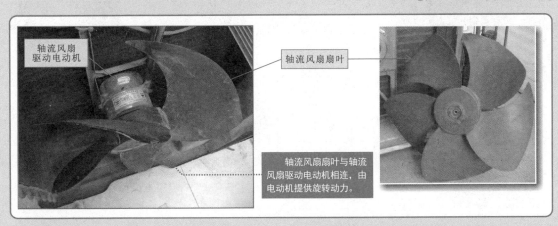

轴流风扇驱动电动机

轴流风扇扇叶

轴流风扇扇叶与轴流风扇驱动电动机相连，由电动机提供旋转动力。

6.1.2 空调器轴流风扇组件的功能

轴流风扇组件安装在空调器的室外机中，主要的功能是确保室外机内部热交换部件（冷凝器）具有良好的散热性。

【空调器轴流风扇组件的功能】

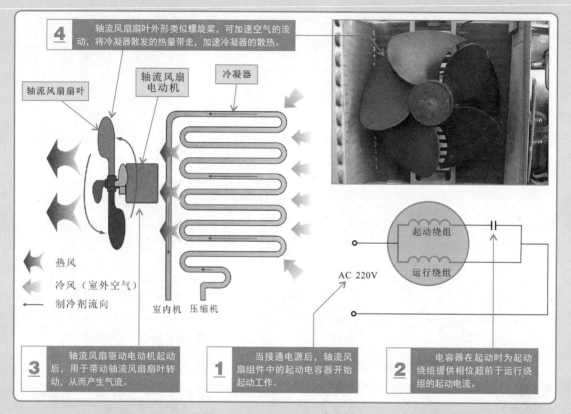

4 轴流风扇扇叶外形类似螺旋桨，可加速空气的流动，将冷凝器散发的热量带走，加速冷凝器的散热。

轴流风扇扇叶　　轴流风扇电动机　　冷凝器

起动绕组　运行绕组

AC 220V

热风

冷风（室外空气）

制冷剂流向

室内机　压缩机

3 轴流风扇驱动电动机起动后，用于带动轴流风扇扇叶转动，从而产生气流。

1 当接通电源后，轴流风扇组件中的起动电容器开始起动工作。

2 电容器在起动时为起动绕组提供相位超前于运行绕组的起动电流。

知道了轴流风扇组件的功能后，接下来要进一步详细学习轴流风扇组件是通过怎样的控制实现了该功能的。

【空调器轴流风扇组件的控制过程】

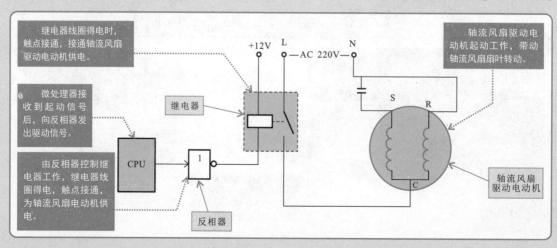

继电器线圈得电时，触点接通，接通轴流风扇驱动电动机供电。

轴流风扇驱动电动机起动工作，带动轴流风扇扇叶转动。

微处理器接收到起动信号后，向反相器发出驱动信号。

继电器

+12V　L　　N
——AC 220V——

S　　R

由反相器控制继电器工作，继电器线圈得电，触点接通，为轴流风扇电动机供电。

CPU

1

C

轴流风扇驱动电动机

反相器

6.2 空调器轴流风扇组件的拆卸、检测与代换

第6章

6.2.1　空调器轴流风扇组件的拆卸

若空调器的轴流风扇组件出现故障后，则需要对主要的部件进行检测，以排除故障，检测前可先将一些不易检测的部件拆卸下来，然后再进行针对性的检测。

【轴流风扇组件的拆卸】

> **1** 根据轴流风扇组件的连接关系，应先对轴流风扇扇叶进行拆卸。
>
> **3** 轴流风扇驱动电动机位于扇叶后侧，检测前可先进行拆卸。
>
> **2** 起动电容器与风扇驱动电动机连接，可将其拆卸下来开路检测。

1. 轴流风扇扇叶的拆卸

由于轴流风扇组件中的扇叶安装在室外机中较为明显的部位，是通过固定螺母与轴流风扇驱动电动机固定在一起的，较容易拆卸。因此，在对该部分进行拆卸时可使用相应的工具对固定螺母进行拆卸。

【轴流风扇扇叶的拆卸方法】

用扳手取下扇叶的固定螺钉。

向外取下轴流风扇的扇叶。

2. 起动电容器的拆卸

　　轴流风扇起动电容通过固定螺钉安装在电路支撑板上，引脚端通过连接引线与轴流风扇驱动电动机连接。拆卸轴流风扇起动电容时，主要需将连接引线拔开、固定螺钉卸下，使轴流风扇起动电容与电路支撑板和轴流风扇驱动电动机的连接引线分离。

【起动电容器的拆卸方法】

找到起动电容器的固定螺钉以及连接引线。

向上拔下起动电容器的其中一个连接引线端。

使用螺钉旋具将起动电容器的固定螺钉拧下。

拔下起动电容器的另一连接引线端。

向上用力取下起动电容器，与电路支撑板分离。

完成起动电容器的拆卸。

3.轴流风扇驱动电动机的拆卸

　　轴流风扇驱动电动机通过固定螺钉固定在电动机支架上，电动机引线通过线卡固定，拆卸轴流风扇驱动电动机时，主要需将固定螺钉卸下，将线卡掰开，使轴流风扇驱动电动机与电动机支架分离，连接引线与线卡和连接部件分离即可。拆卸时应选用尺寸适当的螺钉旋具进行拆卸，避免出现损坏螺钉的现象。

【轴流风扇驱动电动机的拆卸方法】

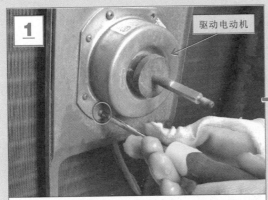

1 驱动电动机

使用螺钉旋具拧下驱动电动机的固定螺钉。

2 固定支架

向外取下驱动电动机，使其与固定支架分离。

4 引线槽

将驱动电动机的连接引线从引线槽中分离出来。

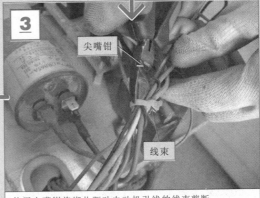

3 尖嘴钳

线束

使用尖嘴钳将绑扎驱动电动机引线的线束剪断。

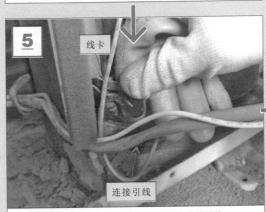

5 线卡

连接引线

打开连接引线的线卡，取出驱动电动机的各连接引线。

6

取下驱动电动机，完成驱动电动机的拆卸。

6.2.2 空调器轴流风扇组件的检测与代换

轴流风扇组件出现故障后，空调器可能会出现室外机风扇不转或转速变慢，进而导致空调器不制冷（热）或制冷（热）效果差等现象。若怀疑轴流风扇组件损坏，就需要按照步骤对轴流风扇组件进行检测。

【轴流风扇组件的检测流程】

3 检查轴流风扇驱动电动机是否正常，若损坏应及时进行代换。

起动电容器

2 检查轴流风扇组件中起动电容器是否正常，若损坏应及时进行代换。

1 检查轴流风扇扇叶是否正常，若损坏应及时进行代换。

扇叶

1. 轴流风扇扇叶的检测代换

检查轴流风扇扇叶时，可观察其外观及周围有无异物，尤其是长时间不使用空调器，扇叶会受运行环境恶劣和外力作用等因素的影响，出现轴流风扇扇叶破损、被异物卡住或轴流风扇扇叶与轴流风扇驱动电动机转轴被污物缠绕或锈蚀等情况，这将使散热效能大幅度降低，使空调器出现停机现象，严重时，还会造成驱动电动机损坏，若通过观察发现扇叶无法正常使用时，应及时对其进行代换。

【轴流风扇扇叶的代换方法】

1 新的风扇扇叶

驱动电动机

代换时，将扇叶的轴心中凸出的部分，对准电动机轴上的卡槽。

2 木棒

使用木棒轻轻敲打，使扇叶安装到位，并重新安装固定螺母。

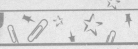

2.起动电容器的检测代换

　　轴流风扇组件中的起动电容正常工作是轴流风扇驱动电动机起动运行的基本条件之一。若轴流风扇驱动电动机不能正常起动或起动后转速明显偏慢，应先对轴流风扇组件中的起动电容器进行检测。

【起动电容器的检测方法】

首先观察轴流风扇起动电容器外壳有无明显烧焦、变形、碎裂、漏液等情况，引脚处是否有明显的烧焦现象。

2

　　根据起动电容器的标识可知，该电容器的标称容量为2.5μF。

CBB61A
2.5μF ±5%
450VAC 50/60H

　　万用表实测起动电容器的电容量为2.508μF，近似标称容量，表明该起动电容器正常。

被检测的起动电容器

红表笔

黑表笔

　　若轴流风扇起动电容因漏液、变形导致容量减少时，多会引起轴流风扇驱动电动机转速变慢故障；若轴流风扇起动电容漏电严重，完全无容量时，将会导致轴流风扇驱动电动机不起动、不运行的故障。

　　将万用表的红、黑表笔分别搭在轴流风扇组件中起动电容器的两只引脚上，检测其电容量。

　　使用万用表的电容器检测挡位对起动电容器进行检测。

特别提醒

　　由于轴流风扇组件中的起动电容器工作在交流环境下，在检测前不需要进行放电操作。另外，检测起动电容器时，也可使用指针式万用表的电阻挡测量电容器充放电特性，通过观察万用表指针的摆动情况，来判断起动电容器的好坏。正常情况下，万用表指针应有明显的摆动。

　　若检测起动电容器的电容量与标称值偏差较大时，可能电容器损坏，则需要根据原轴流风扇组件中起动电容器的标称参数，选择容量、耐压值等均相同的电容器进行代换，并安装到原轴流风扇组件中起动电容器的位置上。

【轴流风扇组件的检测流程】

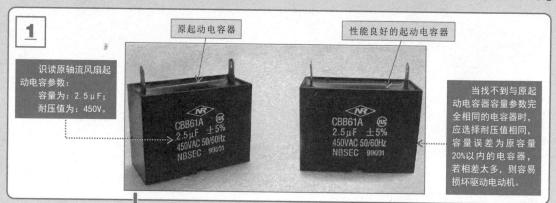

1

识读原轴流风扇起动电容参数：
容量为：2.5μF；
耐压值为：450V。

原起动电容器

性能良好的起动电容器

　　当找不到与原起动电容器容量参数完全相同的电容器时，应选择耐压值相同，容量误差为原容量20%以内的电容器，若相差太多，则容易损坏驱动电动机。

2

性能良好的起动电容器

将代换用的起动电容器放置到原起动电容器的位置上。

3

螺钉旋具

固定螺钉

用固定螺钉将新起动电容器重新固定。

5

至此，完成起动电容器的代换。

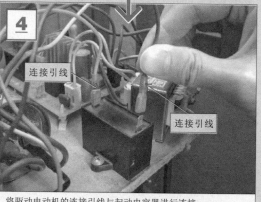

4

连接引线

连接引线

将驱动电动机的连接引线与起动电容器进行连接。

3.驱动电动机的检测代换

　　轴流风扇驱动电动机是轴流风扇组件中的核心部件。在轴流风扇起动电容器正常的前提下，若轴流风扇驱动电动机不转或转速异常，则需通过万用表对轴流风扇驱动电动机绕组的阻值进行检测，来判断轴流风扇驱动电动机是否出现故障。

　　空调器中轴流风扇驱动电动机一般有五根引线和三根引线两种。在实际检测中，应先确定驱动电动机各引线的功能（即区分起动端、运行端和公共端）。

【检测前各引线功能的确定方法】

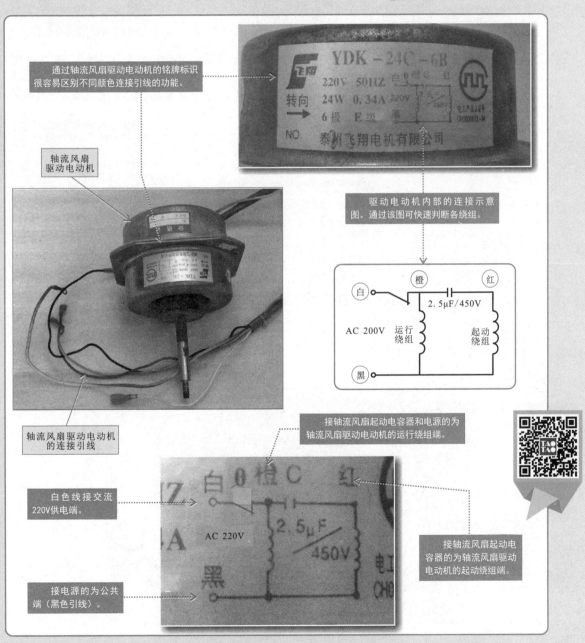

通过轴流风扇驱动电动机的铭牌标识很容易区别不同颜色连接引线的功能。

轴流风扇驱动电动机

驱动电动机内部的连接示意图。通过该图可快速判断各绕组。

轴流风扇驱动电动机的连接引线

接轴流风扇起动电容器和电源的为轴流风扇驱动电动机的运行绕组端。

白色线接交流220V供电端。

接轴流风扇起动电容器的为轴流风扇驱动电动机的起动绕组端。

接电源的为公共端（黑色引线）。

特别提醒

在判断引线功能时，除了通过标识进行判别外，还可以通过实测各绕组之间的数据进行区分。

检测时，通常检测出的数据有三组，即起动端与公共端之间的阻值、运行端与公共端之间的阻值和起动端与运行端之间的阻值。

正常情况下，万用表电阻挡测量三组阻值，最大的一组阻值中，表笔所搭的为起动端和运行端，另外一根则为公共端；再分别测量剩下两根引线与公共端之间阻值，其中阻值偏小的引线为运行端（即运行绕组）；阻值偏大的引线为起动端（即起动绕组）。

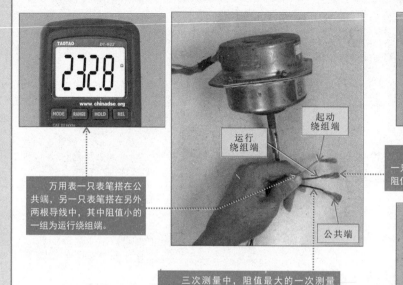

万用表一只表笔搭在公共端，另一只表笔搭在另外两根导线中，其中阻值小的一组为运行绕组端。

运行绕组端

起动绕组端

公共端

万用表一只表笔搭在公共端，另一只表笔接在另外两根引线端，其中阻值大的引线为起动绕组端。

三次测量中，阻值最大的一次测量时，万用表表笔所搭的引线为起动绕组端和运行绕组端，则空闲的引线为公共端。

　　明确了轴流风扇驱动电动机各引线的功能后，接下来则需要对轴流风扇驱动电动机进行检测，检测时可使用万用表的欧姆挡，分别检测轴流风扇驱动电动机各绕组间的阻值是否正常，具体的检测方法可参看下面的图解演示。

【轴流风扇驱动电动机的检测方法】

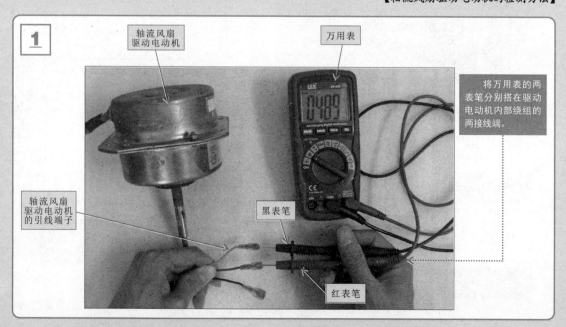

1

轴流风扇驱动电动机

万用表

将万用表的两表笔分别搭在驱动电动机内部绕组的两接线端。

轴流风扇驱动电动机的引线端子

黑表笔

红表笔

【轴流风扇驱动电动机的检测方法（续）】

2 黑表笔搭在公共端，红表笔搭在运行绕组端，测得阻值为232.8Ω。　黑表笔搭在公共端，红表笔搭在起动绕组端，测得阻值为256.3Ω。　黑表笔搭在起动绕组端，红表笔搭在运行绕组端，测得阻值为0.489kΩ。

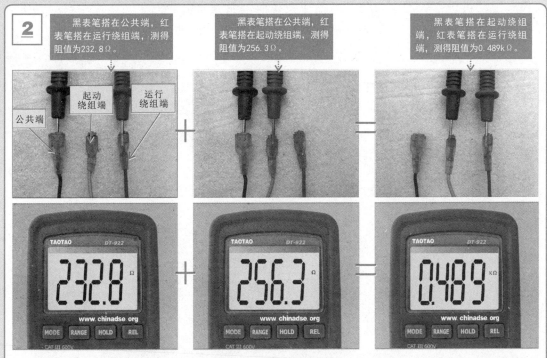

　　观测万用表显示的数值，在正常情况下，任意两个引线端均有一定的阻值，且满足其中两组阻值之和等于另外一组数值。若检测时发现某两个引线端的阻值趋于无穷大，则说明绕组中有断路情况；若三组数值间不满足等式关系，则说明轴流风扇电动机绕组可能存在绕组间短路情况；出现上述两种情况均应更换轴流风扇电动机。

特别提醒

　　轴流风扇组件中驱动电动机绕组的连接方式较为简单，通常有3个线路输出端，其中一条引线为公共端，另外两条分别为运行绕组端和起动绕组引线端。

　　根据其接线关系不难理解其引线端两两间阻值的关系应为：轴流风扇驱动电动机运行绕组与起动绕组之间的电阻值 = 运行绕组与公共端间的电阻值 + 起动绕组与公共端间的电阻值。

　　需注意的是，测量轴流风扇驱动电动机绕组间阻值时，应防止轴流风扇驱动电动机转轴转动（如未拆卸进行检测时，由于刮风等原因，扇叶带动电动机转轴转动），否则可能因轴流风扇驱动电动机转动时产生感应电动势，干扰万用表检测数据。

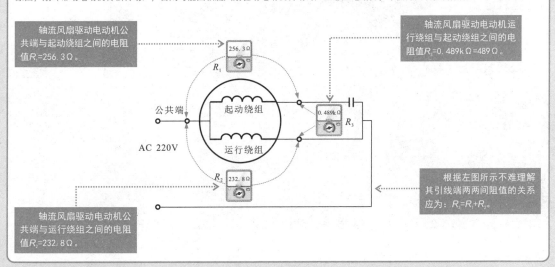

　　轴流风扇电动机老化或出现无法修复的故障时，就需要使用同型号或参数相同的轴流风扇电动机进行代换。代换之前，应根据原轴流风扇电动机上的铭牌标识，选择型号、额定电压、额定频率、功率和极数等规格参数相同的轴流风扇电动机进行代换。

【驱动电动机的代换方法】

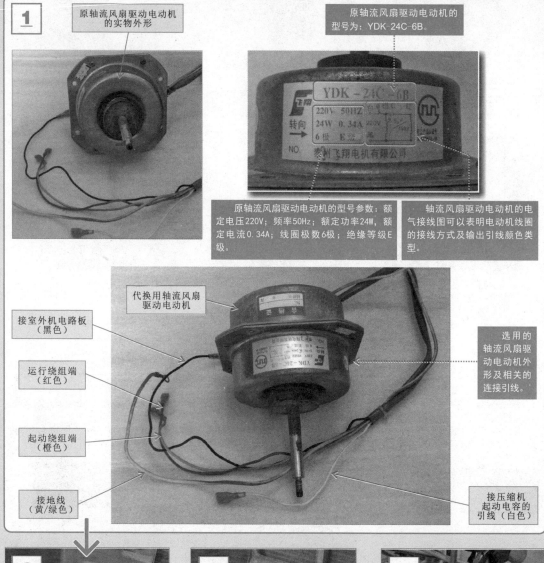

1

原轴流风扇驱动电动机的实物外形

原轴流风扇驱动电动机的型号为：YDK-24C-6B。

原轴流风扇驱动电动机的型号参数：额定电压220V；频率50Hz；额定功率24W，额定电流0.34A；线圈极数6极；绝缘等级E级。

轴流风扇驱动电动机的电气接线图可以表明电动机线圈的接线方式及输出引线颜色类型。

代换用轴流风扇驱动电动机

接室外机电路板（黑色）

运行绕组端（红色）

起动绕组端（橙色）

接地线（黄/绿色）

选用的轴流风扇驱动电动机外形及相关的连接引线。

接压缩机起动电容的引线（白色）

2

将代换用的轴流风扇电动机放到电动机支架上。

3

用固定螺钉将轴流风扇电动机固定。

4

将驱动电动机的连接引线分别与电路板部分、起动电容器和接地端等连接。

第7章 空调器压缩机组件的检测与代换训练

7.1 空调器压缩机组件的结构与功能

7.1.1 空调器压缩机组件的结构

空调器的压缩机组件位于空调器室外机中，主要用于对空调器中的制冷剂进行压缩，为管路中制冷剂的循环提供动力，是空调器的重要组成部分，一般包含三大部分：压缩机、保护继电器和起动电容器。

【典型空调器压缩机组件的基本构成】

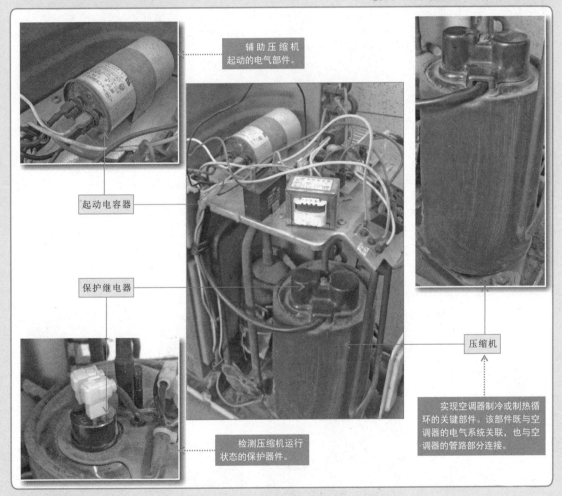

辅助压缩机起动的电气部件。

起动电容器

保护继电器

检测压缩机运行状态的保护器件。

压缩机

实现空调器制冷或制热循环的关键部件。该部件既与空调器的电气系统关联，也与空调器的管路部分连接。

特别提醒

在学习压缩机组件检测代换之初，首先要对压缩机组件的安装位置、结构特点和工作原理有一定的了解，对于初学者而言，要能够根据压缩机组件的结构特点在空调器中准确地找到压缩机组件。这是开始检测压缩机组件的第一步。

在普通空调器中，压缩机组件除了基本的压缩机部件外，还包含保护继电器和起动电容器；但在变频空调器中，采用变频压缩机，该类压缩机由专门的变频电路驱动，不需要起动电容器，在学习过程中，应注意区分。

1. 压缩机的结构

压缩机一般为黑色立式圆柱体外形，是室外机中体积最大的部件，被制冷器管路围绕。

【空调器压缩机的基本构成】

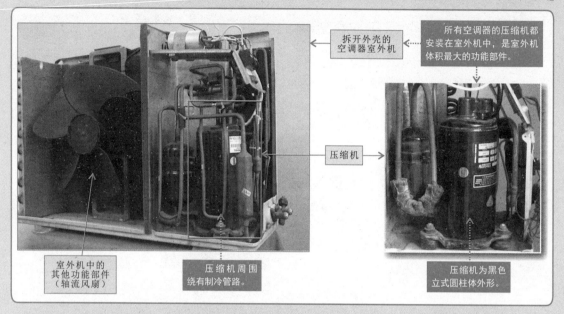

拆开外壳的空调器室外机

所有空调器的压缩机都安装在室外机中，是室外机体积最大的功能部件。

压缩机

室外机中的其他功能部件（轴流风扇）

压缩机周围绕有制冷管路。

压缩机为黑色立式圆柱体外形。

不同类型的空调器，压缩机的外形都大致相同，但由于空调器所具有的制冷（或制热）能力不同，因此所采用的压缩机类型也有所区别，即压缩机的内部结构有所区别。下面将从压缩机的外部结构和内部结构两个方面，详细了解其结构特点。

【空调器压缩机的外部结构】

制冷剂经过压缩机压缩后，由排气口排出高温高压的制冷剂气体被送到冷凝器中。

排气口

接线端子罩在接线盒内，接线盒上标识接线端子名称。

接线端子

运行端　起动端　公共端

压缩机的吸气口与蒸发器相连，吸入低压的制冷剂气体，进行再次压缩。

吸气口

取下接线盒即可看到内部的接线端子。

储液罐

储液罐安装在吸气口上，用于将循环制冷管路中送入的制冷剂进行气液分离，使进入压缩机的只有制冷剂气体。

压缩机主机

压缩机的主体部分，内部由压缩机电动机和机械部件构成，是实现制冷剂压缩循环的关键部件。

空调器压缩机的类型不同，内部结构也不同。目前，空调器中常用的压缩机主要有涡旋式压缩机、旋转活塞式压缩机以及直流变速双转子压缩机等几种。

【涡旋式压缩机的内部结构】

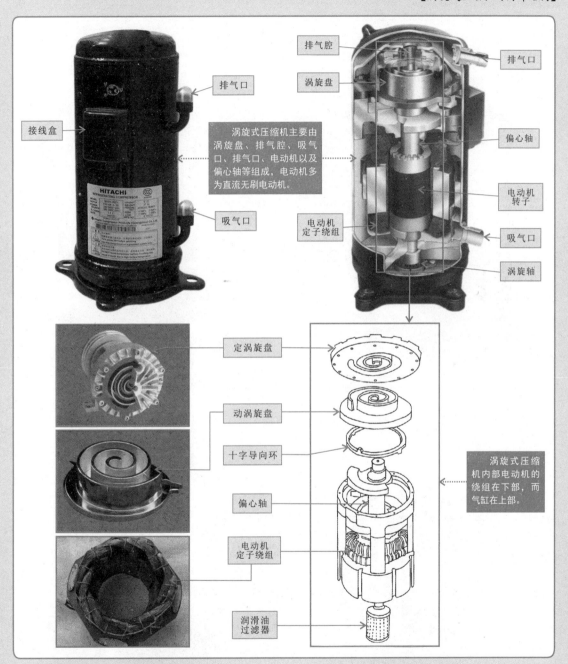

排气口

接线盒

涡旋式压缩机主要由涡旋盘、排气腔、吸气口、排气口、电动机以及偏心轴等组成，电动机多为直流无刷电动机。

吸气口

排气腔

涡旋盘

排气口

偏心轴

电动机转子

电动机定子绕组

吸气口

涡旋轴

定涡旋盘

动涡旋盘

十字导向环

偏心轴

电动机定子绕组

涡旋式压缩机内部电动机的绕组在下部，而气缸在上部。

润滑油过滤器

特别提醒

　　涡旋式压缩机中，涡旋盘和电动机为其内部的主体部件。涡旋盘又分为定涡旋盘和动涡旋盘两部分。
　　定涡旋盘固定在支架上，动涡旋盘由偏心轴驱动，基于轴心运动。动涡旋盘与定涡旋盘的安装角度为180°，定涡旋盘与动涡旋盘之间形成了气缸的工作容积。当两个涡旋盘相对运动时，密闭空间产生移动，容积发生变化。当空间缩小时，气体受到压缩，由排气口排出。

旋转活塞式压缩机从外形来看，主要由壳体、接线端子、气液分离器组件、排气口和吸气口等组成。旋转活塞式压缩机内部设有一个气舱，在气舱底部设有润滑油舱，用于承载压缩机的润滑油。

【旋转活塞式压缩机的内部结构】

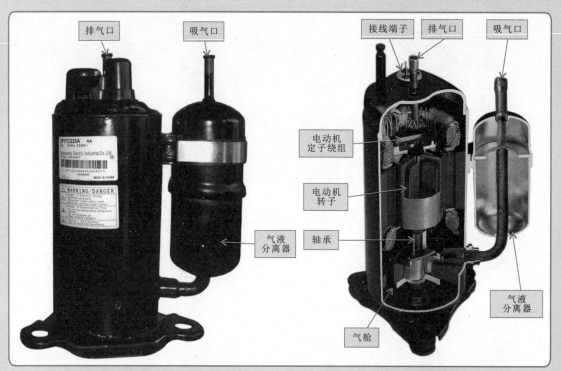

特别提醒

与压缩机进行连接的气液分离器主要用于将制冷管路中送入的制冷剂进行气液分离，将气体送入压缩机中，将分离的液体进行储存，下图为气液分离器的实物外形以及内部结构。

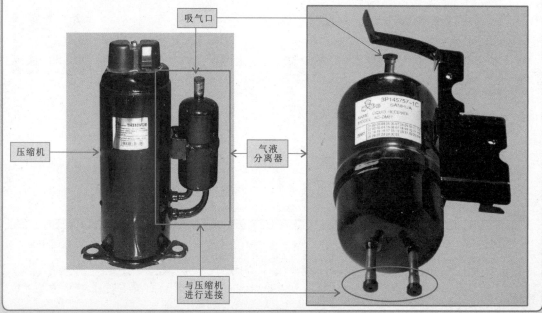

　　直流变速双转子压缩机主要是针对环保制冷剂R410A所设计的，其内部电动机也多为直流无刷电动机。该类压缩机中，机械部分设计在压缩机机壳的底部，而直流无刷电动机则安装在上部，通过直流无刷电动机对压缩机的气缸进行驱动。

【直流变速双转子压缩机的内部结构】

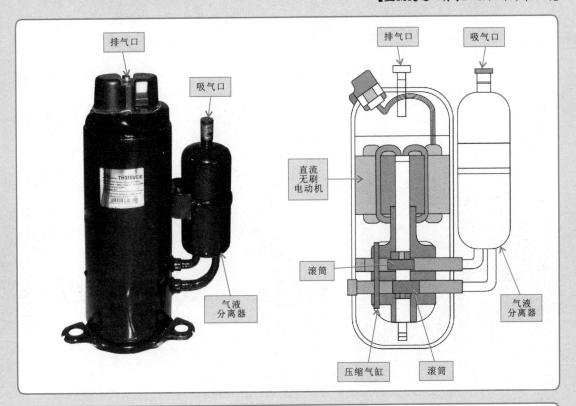

特别提醒

　　直流变速双转子压缩机由2个气缸组成，此种结构不仅能够平衡两个偏心滚筒旋转所产生的偏心力，使压缩机运行更平稳，还能使气缸和滚筒之间的作用力降至最低，从而减小压缩机内部的机械磨损。

特别提醒

　　目前，市场上的空调器分为定频空调器和变频空调器两种。二者的主要区别就在于空调器压缩机中电动机的类型，其中采用定频电动机的压缩机称为定频压缩机；采用变频电动机的压缩机称为变频压缩机。

　　定频压缩机中电动机的供电电压、频率是交流220V、50Hz，因供电频率固定，电压值（220V）固定，所以定频压缩机中的电动机转速固定。

　　变频压缩机的主要特点是驱动压缩机电动机的电源频率和电压幅度都是可变的，因而，变频压缩机电动机的转速是变化的，通过对电动机转速的控制可以实现对制冷量的控制，这种方式效率高、能耗低，压缩机电动机的寿命长，因而目前得到广泛的应用。

　　涡旋式压缩机、直流变速双转子压缩机，或是旋转活塞式压缩机，它们的区别在于压缩机构的设计方式，相同点在于其动力源都来自内部的电动机。

　　不论采用哪种方式的压缩机构，其内部既可以由定频电动机驱动，也可以由变频电动机驱动。不过，目前涡旋式压缩机与直流变速双转子压缩机多采用变频电动机，因此多用于变频空调器中，受变频电路的控制；而旋转活塞式压缩机多与定频电动机配合，应用于传统的定频空调器中，受继电器的控制。

2. 保护继电器的结构

　　保护继电器是空调器压缩机组件中的重要组成部件，主要用于实现过电流和过热保护。当压缩机运行电流过大或温度过高时，由保护继电器切断电源，实现停机保护。其一般安装在压缩机顶部的接线盒内，外观为黑色圆柱形。保护继电器的感温面紧贴在压缩机的顶部外壳上，供电端子与压缩机内的电动机绕组串联连接。

【空调器中保护继电器的安装位置】

压缩机顶部的接线盒

拆下接线盒后，便可看到保护继电器。

保护继电器

压缩机

保护继电器紧贴在压缩机顶部的外壳上，呈黑色圆柱形。

特别提醒

　　在一些变频空调器中，保护继电器通过信号线直接与电路板相连，不直接对压缩机的供电进行控制，而是由微处理器根据过热保护继电器的通、断信号，控制压缩机的供电。

该类保护继电器通过信号线与控制电路板连接，为室外机微处理器提供过热信号，由控制器控制压缩机电源通断。

不同类型保护继电器的安装位置都相同（压缩机顶部的接线盒内）。

变频空调器中的保护继电器

保护继电器的信号线

变频空调器室外机控制电路板

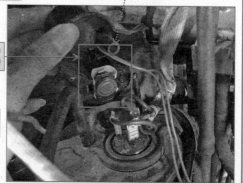

压缩机的保护继电器从外观来看，主要由两个接线端子、调节螺钉、底部的感温面和外壳等部分构成；内部主要由电阻加热丝、蝶形双金属片和一对动/静触点组成。

【压缩机组件中保护继电器的外部结构】

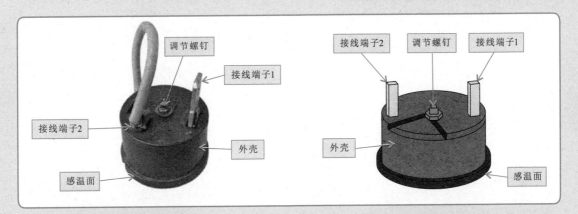

【压缩机组件中保护继电器的内部结构】

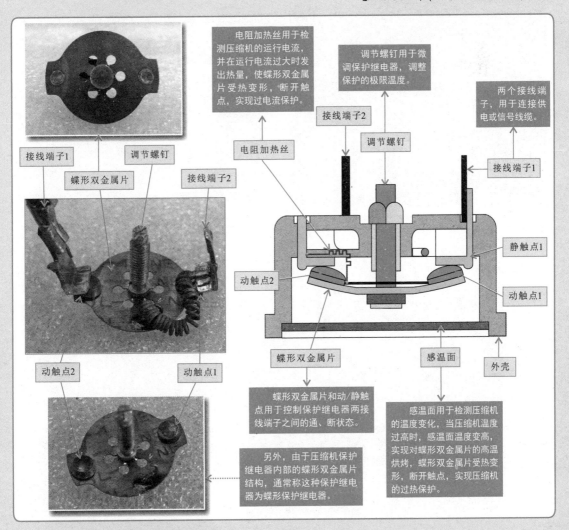

电阻加热丝用于检测压缩机的运行电流，并在运行电流过大时发出热量，使蝶形双金属片受热变形，断开触点，实现过流保护。

调节螺钉用于微调保护继电器，调整保护的极限温度。

两个接线端子，用于连接供电或信号线缆。

蝶形双金属片和动/静触点用于控制保护继电器两接线端子之间的通、断状态。

另外，由于压缩机保护继电器内部的蝶形双金属片结构，通常称这种保护继电器为蝶形保护继电器。

感温面用于检测压缩机的温度变化，当压缩机温度过高时，感温面温度变高，实现对蝶形双金属片的高温烘烤，蝶形双金属片受热变形，断开触点，实现压缩机的过热保护。

3.压缩机起动电容器的结构

压缩机起动电容器是辅助压缩机起动的重要部件，一般固定在压缩机上方的支架或支撑板上，引脚与压缩机的起动端相连。

【空调器中保护继电器的安装位置】

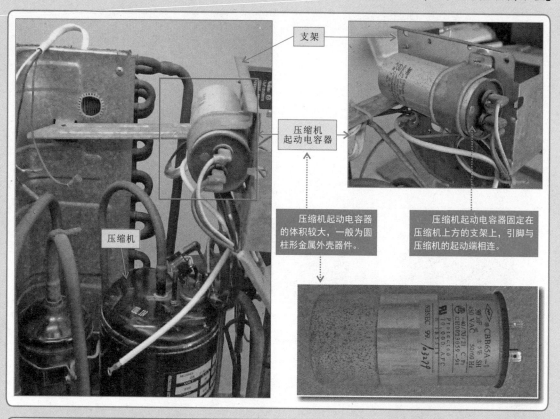

支架

压缩机起动电容器

压缩机

压缩机起动电容器的体积较大，一般为圆柱形金属外壳器件。

压缩机起动电容器固定在压缩机上方的支架上，引脚与压缩机的起动端相连。

特别提醒

压缩机起动电容器的外形结构特征明显，多为金属外壳圆柱形器件，体积较大，很容易识别，且在电容器的金属外壳上，标识有电容器的电容量、耐压值等相关参数。

压缩机起动电容器外壳上的参数标识

30μF±5%:表示压缩机起动电容器的电容量。

50～60Hz:表示电源频率。

交流450V:表示耐压值。

7.1.2 空调器压缩机组件的功能

通过前面的学习，我们知道压缩机组件一般包含三大部分：压缩机、保护继电器和起动电容器。其中压缩机是空调器制冷或制热循环的动力源，它驱动管路系统中的制冷剂往复循环，通过热交换达到制冷的目的；保护继电器是空调器压缩机上重要的保护部件；而压缩机起动电容是辅助压缩机电动机起动的重要部件。

【典型空调器压缩机组件的功能及工作关系】

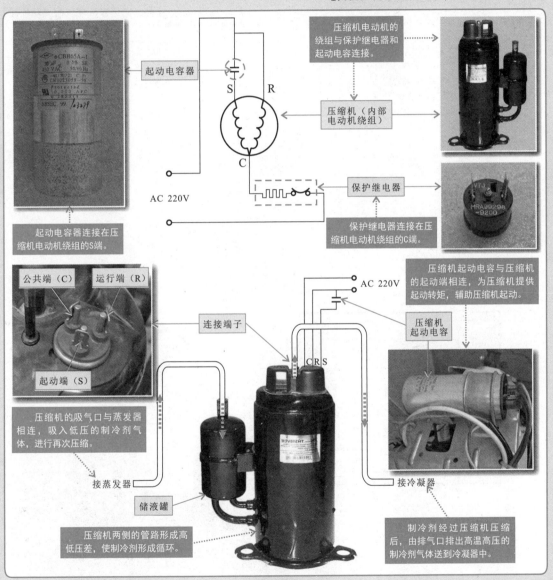

特别提醒

压缩机的驱动电动机是动力源，它需要交流220V电源，对于单相电容起动式电动机，在起动端串入电容器，同时在供电线路中设有过载保护继电器，压缩机电动机的绕组分别与保护继电器和起动电容相连。其中，保护继电器连接在压缩机电动机绕组的C端（公共端），用于控制压缩机电动机的供电；起动电容器连接在压缩机电动机绕组的S端（起动端），为压缩机提供起动转矩，辅助压缩机起动。

1. 压缩机的功能

　　压缩机的工作过程相对较复杂，首先电源为压缩机内的电动机供电，电动机带动压缩机构对制冷剂进行压缩，使之循环运行。不同压缩机构的压缩机，其内部都是由电动机进行驱动的，区别则是电动机的类型和驱动方式。其中，定频电动机采用定频驱动方式进行驱动，其压缩机也称为定频压缩机；变频电动机采用变频驱动方式进行驱动，其压缩机也称为变频压缩机。

【典型空调器压缩机的驱动原理】

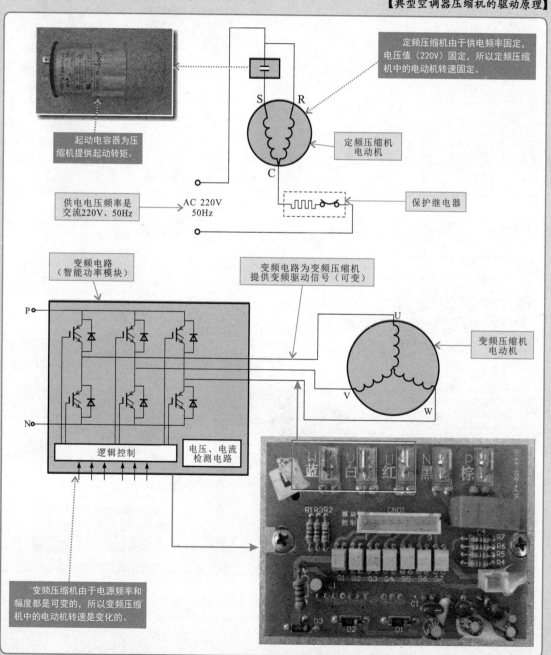

不同压缩机构的压缩机，其压缩过程也不相同，下面就来了解一下压缩机是如何实现对制冷剂气体的压缩。

【典型涡旋式压缩机的工作原理】

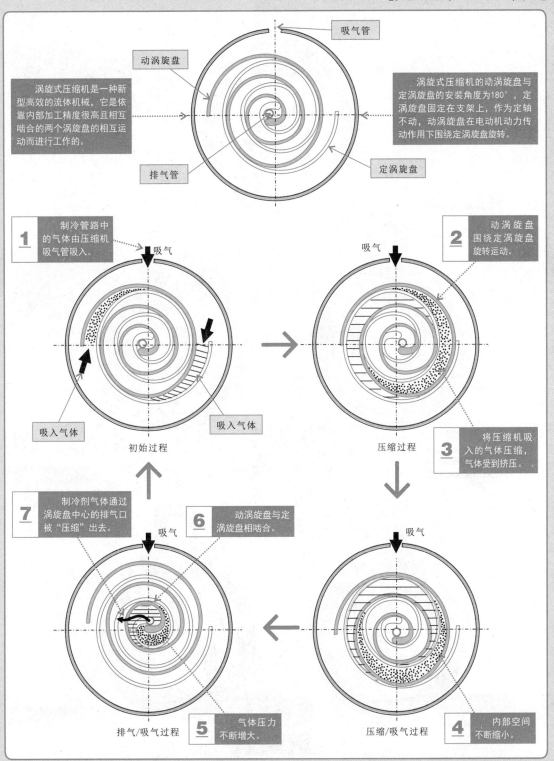

【典型旋转活塞式压缩机的工作原理】

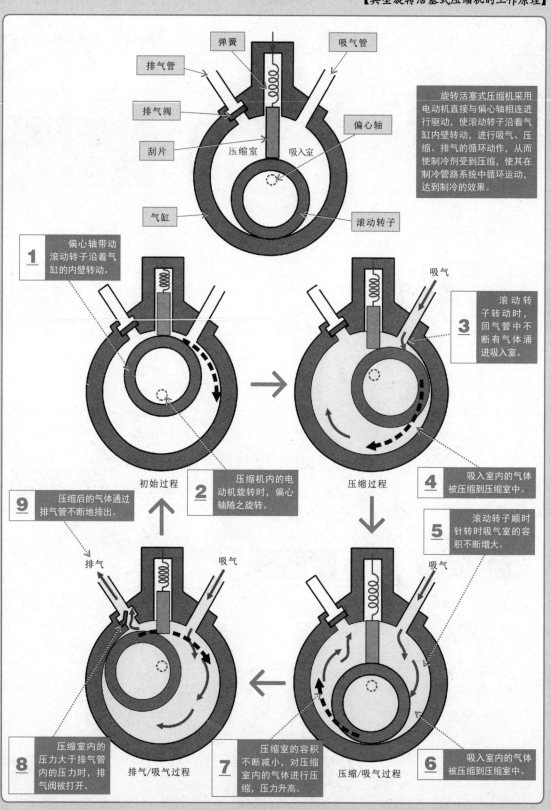

弹簧
吸气管
排气管
排气阀
刮片
压缩室
吸入室
偏心轴
气缸
滚动转子

旋转活塞式压缩机采用电动机直接与偏心轴相连进行驱动，使滚动转子沿着气缸内壁转动，进行吸气、压缩、排气的循环动作，从而使制冷剂受到压缩，使其在制冷管路系统中循环运动，达到制冷的效果。

1 偏心轴带动滚动转子沿着气缸的内壁转动。

3 滚动转子转动时，回气管中不断有气体涌进吸入室。
吸气

初始过程

2 压缩机内的电动机旋转时，偏心轴随之旋转。

压缩过程

4 吸入室内的气体被压缩到压缩室中。

9 压缩后的气体通过排气管不断地排出。
排气
吸气

5 滚动转子顺时针转时吸气室的容积不断增大。
吸气

8 压缩室内的压力大于排气管内的压力时，排气阀被打开。

排气/吸气过程

7 压缩室的容积不断减小，对压缩室内的气体进行压缩，压力升高。

压缩/吸气过程

6 吸入室内的气体被压缩到压缩室中。

2. 保护继电器的功能

　　压缩机的保护继电器实际上是一种过电流、过电压双重保护部件，是压缩机组件中的重要部分。

【保护继电器的过电流保护功能】

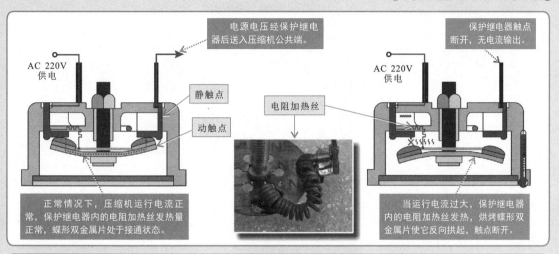

电源电压经保护继电器后送入压缩机公共端。

保护继电器触点断开，无电流输出。

AC 220V 供电

静触点

动触点

电阻加热丝

AC 220V 供电

正常情况下，压缩机运行电流正常，保护继电器内的电阻加热丝发热量正常，蝶形双金属片处于接通状态。

当运行电流过大，保护继电器内的电阻加热丝发热，烘烤蝶形双金属片使它反向拱起，触点断开。

特别提醒

　　当压缩机的运行电流正常时，保护继电器内的电阻加热丝微量发热，蝶形双金属片受热较低，处于正常工作触点，动触点与接线端子上的静触点处于接通状态，通过接线端子连接的线缆将电源传递到压缩机电动机绕组上，压缩机得以起动运转；

　　当压缩机的运行电流过大时，保护继电器内的电阻加热丝发热，烘烤蝶形双金属片，使它反向拱起，保护触点断开，切断电源，压缩机断电停止运转。

【保护继电器的过热保护功能】

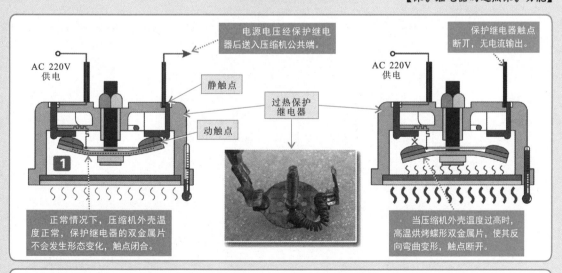

电源电压经保护继电器后送入压缩机公共端。

保护继电器触点断开，无电流输出。

AC 220V 供电

静触点

动触点

过热保护继电器

AC 220V 供电

1

正常情况下，压缩机外壳温度正常，保护继电器的双金属片不会发生形态变化，触点闭合。

当压缩机外壳温度过高时，高温烘烤蝶形双金属片，使其反向弯曲变形，触点断开。

特别提醒

　　可以看到，保护继电器的感温面实时检测压缩机的温度变化。当压缩机温度正常时，保护继电器双金属片上的动触点与内部的静触点保持原始接触状态，通过接线端子连接的线缆将电源传输到压缩机电动机绕组上，压缩机得以起动运转。

　　当压缩机内的温度过高时，必定使机壳温度升高，保护继电器受到压缩机壳体温度的烘烤，双金属片受热变形向下弯曲，带动其动触点与内部的静触点分离，断开接线端子所接线路，压缩机断电停止运转，可有效防止压缩机内部因温度过高而损坏。

3. 压缩机组件中起动电容器的功能

压缩机的起动电容器是一只容量较大的电容器（1～6μF），用于为电动机的辅助绕组提供起动电流，辅助压缩机起动。

【压缩机组件中起动电容器的功能】

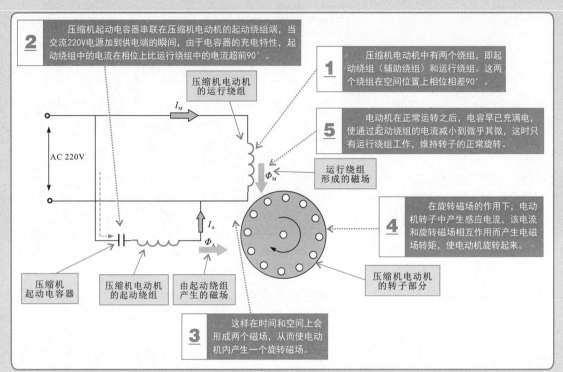

【空调器电动机的驱动电路和起动电容器】

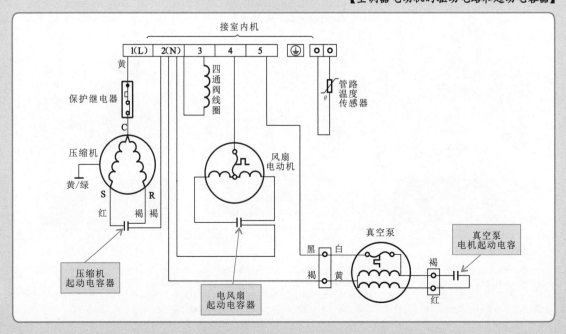

7.2

空调器压缩机组件的检测、拆卸与代换

第7章

7.2.1 空调器压缩机组件的检测

压缩机组件是空调器实现制冷或制热循环的关键部件，一旦出现问题，将使空调器管路中的制冷剂不能正常循环运行，造成空调器不能制冷或制热、制冷或制热异常以及运行时有噪声等问题。若怀疑压缩机组件损坏，就需要分别对压缩机组件中的压缩机、保护继电器、起动电容器等进行检测。

1. 压缩机的检测

压缩机出现的故障可以分为机械故障和电气故障两个方面。其中，机械故障多是由压缩机内的机械部件异常引起的，通常可通过压缩机运行时的声音进行判断；电气故障则是由压缩机内电动机异常引起的，可通过检测压缩机内电动机绕组的阻值来判断。

压缩机中的机械部件都安装在压缩机密封壳内，看不到也摸不着，因此无法直接对其进行检查，大多情况下，可通过倾听压缩机运行时发出的声响进行判断。

【通过倾听检查压缩机内部机械部件的状态】

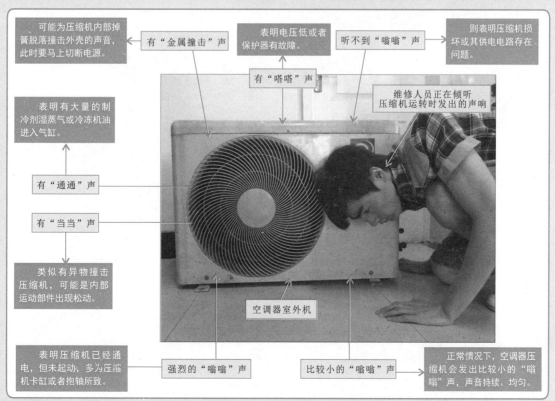

特别提醒

压缩机交错产生的噪声，可以从以下几个方面采取措施进行消除或调整。

（1）对运行部件进行动平衡和静平衡测定。

（2）选择合理的进、排气管路，尤其是进气管的位置、长度、管径对压缩机的性能和噪声影响很大，气流容易产生共振。

（3）压缩机壳体的结构、形状、壁厚、材料等与消声效果有直接关系，为减少噪声，可以适当加厚壳壁。

（4）在安装和维修时，连接管的弯曲半径太小，截止阀开启间隙太小，系统发生堵塞，连接管路的使用不符合要求，规格太细且过短，这些因素都将增大运行的噪声。

（5）压缩机注入的冷冻油要适量，油量多固然可以增强润滑效果，但会增大机内零件搅动油的声音。因此，制冷系统中的循环油量不得过额定加注量的2%。

（6）选择合理的轴承间隙，在润滑良好的情况下可采用较小的配合间隙，以减少噪声。

（7）压缩机的外壳与管路之间的保温减振垫要符合一定的要求。

若经检查发现压缩机出现卡缸或抱轴情况，严重时导致的堵转，可能会引起电流迅速增大而使电动机烧毁。对于抱轴、轻微卡缸现象，可通过以下方法消除。

【接通电源前后敲打压缩机】

木槌

压缩机

在接通电源之前，使用木槌或橡胶锤轻轻敲击压缩机的外壳，并不断变换敲击的位置。

接通电源之后，继续轻轻敲击压缩机的外壳，并不断变换敲击位置，直至故障被排除。

压缩机

若敲击无效，则需更换压缩机。

木槌

特别提醒

压缩机冷冻机油的油质是整机系统能否良好运行的基本保障，因此，对于压缩机油质油色的检查在维修时是很有必要的，以确保压缩机正常使用效果和延长寿命期限。

压缩机冷冻机油出现烧焦味的处理方法如下：

（1）在检查压缩机冷冻机油时，若冷冻油中无杂质、污物，且清澈透明、无异味，可不必更换压缩机冷冻机油，继续使用。

（2）若发现压缩机冷冻机油的颜色变黄，应观察油中有无杂质，嗅其有无焦味，检查系统是否进入空气而使油被氧化及氧化的程度（一般使用多年的正常压缩机，其油色不会清澈透明）。只要压缩机内没有进入水分，则可不必更换冷冻机油；如果油色变得较深，可拆下压缩机将油倒出，更换新油。对系统主要部件用清洗剂进行清洗后，再用氮气进行吹污、干燥处理。

（3）当发现压缩机冷冻机油油色变为褐色时，应检查是否有焦味，并对压缩机内的电动机绕组电阻值进行检测。如果绕线间与外壳间电阻值正常，绝缘良好，则必须更换冷冻机油和清洗系统。对于系统管路内的污染，可采用清洗剂进行清洗。

空调器压缩机内的电动机故障是最常见的故障之一，可通过对电动机绕组阻值的检测进行判断。

空调器压缩机的电动机通常也安装在压缩机密封壳的内部，但其绕组经引线连接到压缩机顶部的接线柱上，因此可通过对压缩机外部接线柱之间阻值的检测，完成对电动机绕组间阻值的检测。

【压缩机电动机绕组的识别】

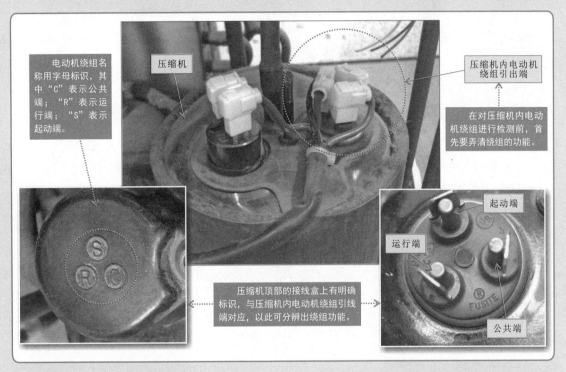

电动机绕组名称用字母标识，其中"C"表示公共端；"R"表示运行端；"S"表示起动端。

压缩机

压缩机内电动机绕组引出端

在对压缩机内电动机绕组进行检测前，首先要弄清绕组的功能。

起动端

运行端

公共端

压缩机顶部的接线盒上有明确标识，与压缩机内电动机绕组引线端对应，以此可分辨出绕组功能。

检测时，将压缩机绕组上的引线拔下，用万用表分别对电动机绕组接线柱间的阻值进行检测即可。

【压缩机内电动机绕组阻值的检测方法】

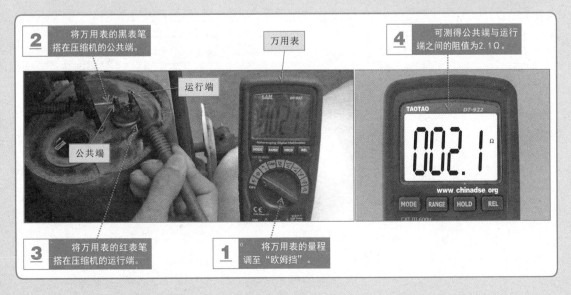

2 将万用表的黑表笔搭在压缩机的公共端。

万用表

4 可测得公共端与运行端之间的阻值为2.1Ω。

运行端

公共端

002.1 Ω

www.chinadse.org

3 将万用表的红表笔搭在压缩机的运行端。

1 将万用表的量程调至"欧姆挡"。

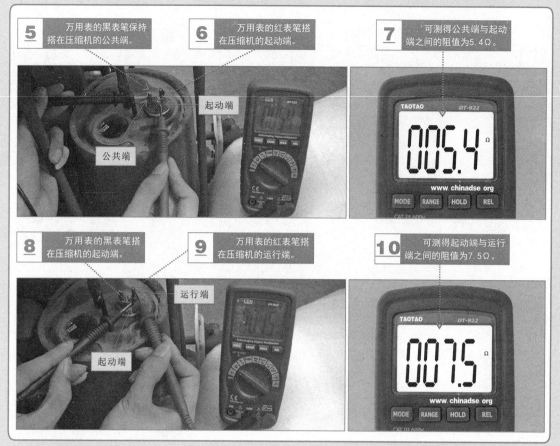

5 万用表的黑表笔保持搭在压缩机的公共端。

6 万用表的红表笔搭在压缩机的起动端。

7 可测得公共端与起动端之间的阻值为5.4Ω。

起动端

公共端

8 万用表的黑表笔搭在压缩机的起动端。

9 万用表的红表笔搭在压缩机的运行端。

10 可测得起动端与运行端之间的阻值为7.5Ω。

运行端

起动端

特别提醒

观测万用表显示的数值，正常情况下，起动端与运行端之间的阻值等于公共端与起动端之间的阻值加上公共端与运行端之间的阻值。

若检测时压缩机内电动机绕组阻值不符合上述规律，可能存在绕组间短路情况，应更换压缩机；若检测时发现有电阻值趋于无穷大的情况，可能绕组有开路故障，需要更换压缩机。

特别提醒

上述为普通空调器定频压缩机内电动机绕组阻值的检测方法和判断结果，而变频空调器中通常采用变频压缩机，该压缩机内电动机多为单相交流电动机，其内部为三相绕组（用U、V、W标识），也可通过检测绕组间阻值的方法判断电动机的好坏，具体检测方法与上述方法相同，只是变频压缩机电动机三相绕组两两之间均有一定的阻值，且三组阻值是完全相同的。

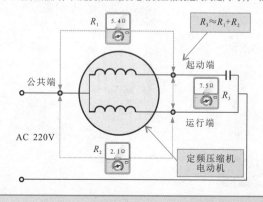

R_1 5.4Ω

$R_3 \approx R_1 + R_2$

起动端

7.5Ω R_3

公共端

运行端

AC 220V

R_2 2.1Ω

定频压缩机电动机

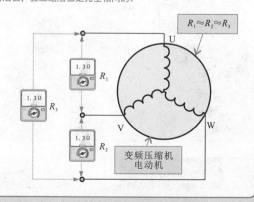

$R_1 \approx R_2 \approx R_3$

U

1.3Ω R_1

1.3Ω R_3

1.3Ω R_2

V   W

变频压缩机电动机

特别提醒

除了通过检测绕组阻值来判断压缩机好坏外,还可通过检测运行压力和运行电流来判断压缩机的好坏。运行压力是通过三通压力表阀检测管路压力得到的;而运行电流可通过钳形电流表进行检测。

将三通压力表阀与空调器的三通截止阀工艺管口相连。

将空调器起动后,便可在压力表上查看到当前的运行压力。

使用钳形电流表钳住单根(L)供电线路。

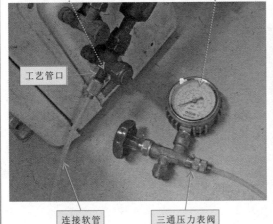

工艺管口

连接软管   三通压力表阀

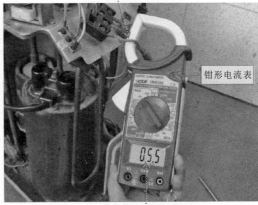

钳形电流表

将空调器起动后,便查看到当前的运行电流。

若测得空调器运行压力为0.8 MPa左右,运行电流仅为额定电流的1/2,并且压缩机排气口与吸气口均无明显温度变化,仔细倾听,能够听到很小的气流声,多为压缩机存在窜气的故障。

若压缩机供电电压正常,而运行电流为零,说明压缩机的电动机可能存在开路故障;若压缩机供电电压正常,运行电流也正常,但压缩机不能起动运转,多为压缩机的起动电容损坏或压缩机出现卡缸的故障。

正常情况下,压缩机中电动机的绕组与外壳间应为绝缘状态。若出现电动机绕组与外壳间搭接短路,不仅可能造成压缩机故障,还可能会出现空调器室外机漏电情况。

一般可借助绝缘电阻表检测电动机绕组与压缩机外壳之间的绝缘性。

【压缩机内电动机绕组绝缘性的检测方法】

1 将绝缘电阻表两根测试线上的鳄鱼夹分别夹在压缩机绕组的接线柱和外壳上。

3 经检测空调器压缩机绕组的绝缘电阻阻值为500MΩ。

2 顺时针匀速摇动摇杆。

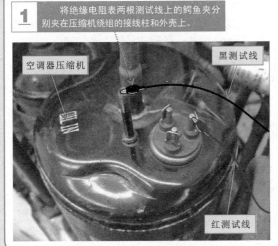

空调器压缩机

黑测试线

红测试线

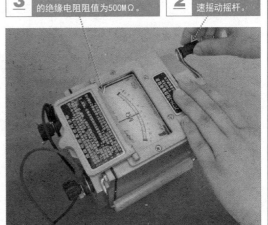

特别提醒

正常情况下,压缩机内电动机绕组与压缩机外壳之间的阻值应为无穷大(绝缘电阻表指示500MΩ)。若测得阻值较小,则说明压缩机内电动机绕组与外壳之间短路,应恢复绝缘性或直接更换压缩机。

2. 保护继电器的检测

　　检测保护继电器时，可分别在室温和人为对保护继电器感温面升温条件下，借助万用表对保护继电器两引线端子间的阻值进行检测。

【保护继电器的检测方法】

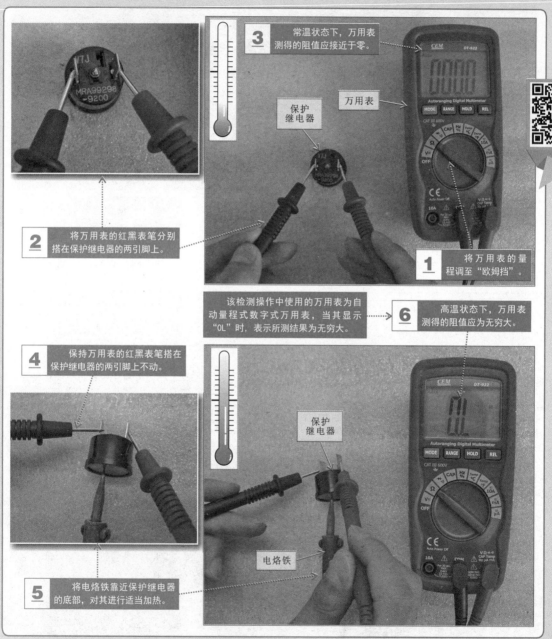

3 常温状态下，万用表测得的阻值应接近于零。

保护继电器

万用表

2 将万用表的红黑表笔分别搭在保护继电器的两引脚上。

1 将万用表的量程调至"欧姆挡"。

该检测操作中使用的万用表为自动量程式数字式万用表，当其显示"OL"时，表示所测结果为无穷大。

6 高温状态下，万用表测得的阻值应为无穷大。

4 保持万用表的红黑表笔搭在保护继电器的两引脚上不动。

保护继电器

电烙铁

5 将电烙铁靠近保护继电器的底部，对其进行适当加热。

特别提醒

室温状态下，保护继电器金属片触点处于接通状态，用万用表检测接线端子的阻值应接近于零。

高温状态下，保护继电器金属片变形断开，用万用表检测接线端子的阻值应为无穷大。若测得阻值不正常，说明保护继电器已损坏，应更换。

3.压缩机起动电容器的检测

若压缩机起动电容出现故障，会使压缩机不能正常起动。对起动电容进行检测，可使用数字式万用表对其电容量进行检测，判断其是否存在故障。

【压缩机起动电容器的检测方法】

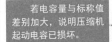

若电容量与标称值差别加大，说明压缩机起动电容已损坏。

使用万用表对压缩机起动电容的电容量进行检测。

3 正常情况下，万用表测得的电容量应为30μF左右。

1 万用表挡位调整至"电容量挡"。

2 万用表的表笔分别搭在压缩机起动电容的两个引脚上。

特别提醒

判断压缩机起动电容是否正常，除了使用数字式万用表对其电容量进行检测外，还可用指针式万用表的电阻挡，对起动电容的充放电性能进行检测，如下图所示。

压缩机起动电容器

3 万用表的指针出现明显摆动。

若指针不摆动或摆动幅度很小，说明起动电容器性能不良。多为内部电解质干涸或老化变质引起电容量变小。

2 将万用表红黑表笔分别搭在压缩机起动电容器两端。

1 将万用表量程调至"×1"电阻挡。

正常情况下，万用表指针先向右摆动到一个位置。

然后再缓慢向左摆动。

最后停在一个固定位置上。

7.2.2 空调器压缩机组件的拆卸与代换

1. 压缩机的代换方法

当空调器压缩机老化或出现无法修复的故障时，就需要使用同型号或参数相同的压缩机进行代换。在动手拆卸空调器压缩机之前，我们首先要根据压缩机与各电气部件、制冷管路的位置关系，制定基本的代换方案。

【空调器压缩机拆卸与代换的流程】

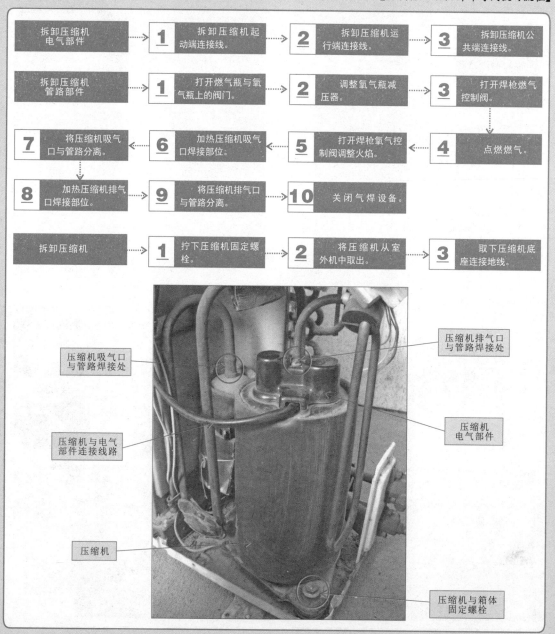

| 拆卸压缩机电气部件 | → | **1** 拆卸压缩机起动端连接线。 | → | **2** 拆卸压缩机运行端连接线。 | → | **3** 拆卸压缩机公共端连接线。 |

| 拆卸压缩机管路部件 | → | **1** 打开燃气瓶与氧气瓶上的阀门。 | → | **2** 调整氧气瓶减压器。 | → | **3** 打开焊枪燃气控制阀。 |

| **7** 将压缩机吸气口与管路分离。 | ← | **6** 加热压缩机吸气口焊接部位。 | ← | **5** 打开焊枪氧气控制阀调整火焰。 | ← | **4** 点燃燃气。 |

| **8** 加热压缩机排气口焊接部位。 | → | **9** 将压缩机排气口与管路分离。 | → | **10** 关闭气焊设备。 |

| 拆卸压缩机 | → | **1** 拧下压缩机固定螺栓。 | → | **2** 将压缩机从室外机中取出。 | → | **3** 取下压缩机底座连接地线。 |

压缩机排气口与管路焊接处

压缩机吸气口与管路焊接处

压缩机电气部件

压缩机与电气部件连接线路

压缩机

压缩机与箱体固定螺栓

　　根据压缩机的代换方案，便可对压缩机进行拆卸代换了。下面以典型空调器压缩机为例，介绍一下压缩机代换操作的全部过程。

【压缩机代换操作过程】

使用钢丝钳拆除压缩机起动端与起动电容之间的黄色连接引线。

使用钢丝钳拆除压缩机运行端的红色引线。

打开气焊设备氧气瓶和燃气瓶上的阀门。

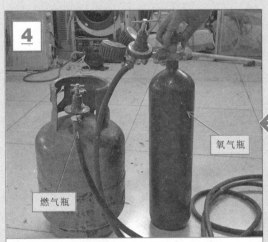

使用钢丝钳拆除压缩机公共端与保护继电器的黑色连接引线。

调整氧气瓶上的减压器，使氧气瓶出口压力保持在0.2MPa左右。

逆时针旋转，打开焊枪上的燃气控制阀。

【压缩机代换操作过程（续）】

使用打火机点火，点燃燃气。

中性火焰

氧气控制阀

逆时针旋转焊枪上的氧气控制阀，使阀门打开并调节阀门使焊枪火焰为中性火焰。

加热一段时间后，用钳子适当用力向上提起管路，将吸气口与管路分离。

将焊枪对准压缩机的吸气口焊接部位，对焊接接口处进行加热。

将焊枪对准压缩机的排气口焊接部位，对焊接接口处进行加热。

加热一段时间后，用钳子适当用力向上提起管路，将排气口与管路分离。

【压缩机代换操作过程（续）】

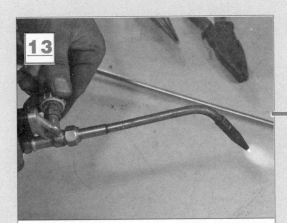

关闭气焊设备（关氧气阀门→关燃气阀门→关燃气瓶、氧气瓶）。

螺栓

扳手

使用扳手将压缩机底座上的固定螺栓拧下。

螺钉旋具

接地线

压缩机

使用螺钉旋具将压缩机底脚外壳连接接地线的固定螺钉拧下。

将压缩机从空调器室外机中取出。

选择与原损坏压缩机大小、型号等规格参数相同的压缩机。

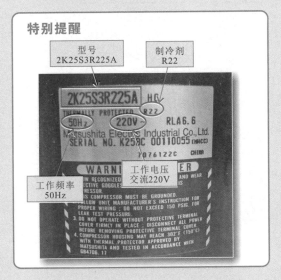

特别提醒

型号
2K25S3R225A

制冷剂
R22

工作电压
交流220V

工作频率
50Hz

将新压缩机放到空调器室外机中，使其压缩机底座固定孔穿入室外机箱体上的固定螺栓。

将压缩机的管路与制冷管路对齐。

特别提醒

压缩机吸气口和排气口与制冷管路焊接完成。

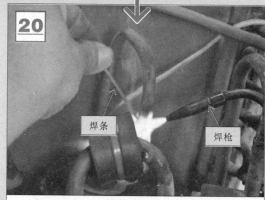

焊条　　　焊枪

使用焊接设备将压缩机的吸气口和排气口分别与制冷管路焊接在一起。

压缩机排气口焊接部位

压缩机吸气口焊接部位

对焊接部位进行检漏并对制冷管路进行抽真空、充注制冷剂操作，通电试机，排除故障。

固定螺栓

拧紧压缩机底部的固定螺栓。

2.保护继电器的代换方法

若经过检测确定为保护继电器本身损坏引起的空调器故障，则需要对损坏的保护继电器进行更换。

【保护继电器的代换方法】

选配保护继电器时，一般需要根据损坏保护继电器的规格参数、体积大小、接线端子的位置等选择适合的器件进行代换。

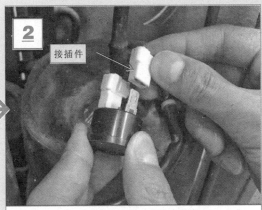

选择好保护继电器后，将接插件与新继电器连接好。

将保护盒重新盖在保护继电器和接线端子上。

将连接好接插件的保护继电器放到安装位置上。

压紧保护盒，并调整好线缆的导出位置。

使用梅花扳手拧紧保护盒上的螺母，通电试机，发现压缩机能够正常起动和运行，故障排除。

3.压缩机起动电容器的的代换方法

若经检测确定为压缩机起动电容器损坏引起的故障，则需要对损坏的压缩机起动电容器进行更换。在动手更换压缩机起动电容器前，首先要根据空调器压缩机起动电容器的位置关系、固定方式制定基本的代换方案。

【压缩机起动电容器的代换方案】

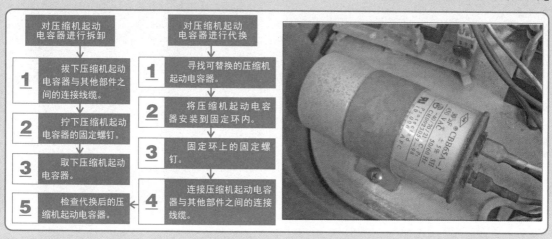

压缩机起动电容器位于压缩机上方的电路支撑板上，拆卸时将连接引线拔下，并用螺钉旋具取下其卡环的固定螺钉即可。

【压缩机起动电容器的拆卸过程】

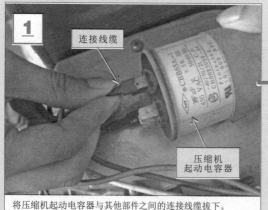

将压缩机起动电容器与其他部件之间的连接线缆拔下。

特别提醒

取下的压缩机起动电容器实物外形

使用螺钉旋具拧下压缩机起动电容器金属固定环上的固定螺钉。

用手抬起金属固定环，将压缩机起动电容器取下。

　　将损坏的压缩机起动电容器拆下后，根据其规格参数、大小等选择新电容器，并安装到室外机中，固定好金属固定环，重新将连接线缆插接好，即可通电试机，完成代换。

【压缩机起动电容器的代换过程】

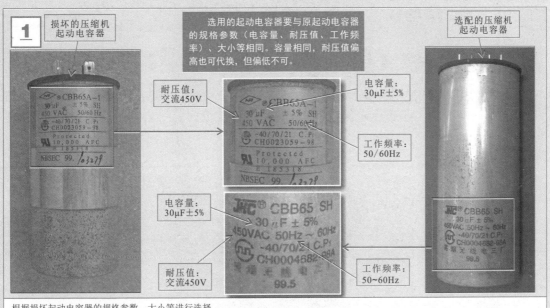

根据损坏起动电容器的规格参数、大小等进行选择。

抬起金属固定环，并将压缩机起动电容器安装到固定环内。

按压金属固定环，并使用螺钉旋具拧紧固定环上的固定螺钉。

检查连接固定无误后，通电试机，空调器压缩机起动正常，停机后，装室外机外壳，代换完成。

将压缩机起动电容器与其他部件之间的连接线缆重新插接。

第8章 空调器电磁四通阀的检测与代换训练

8.1
空调器电磁四通阀的结构与功能

8.1.1 空调器电磁四通阀的结构

电磁四通阀是由电磁导向阀和四通换向阀两部分构成的。其中，电磁导向阀由电磁线圈和导向阀组成；四通换向阀由换向阀和4根管路组成；二者通过4根导向毛细管连接。

【电磁四通阀的结构】

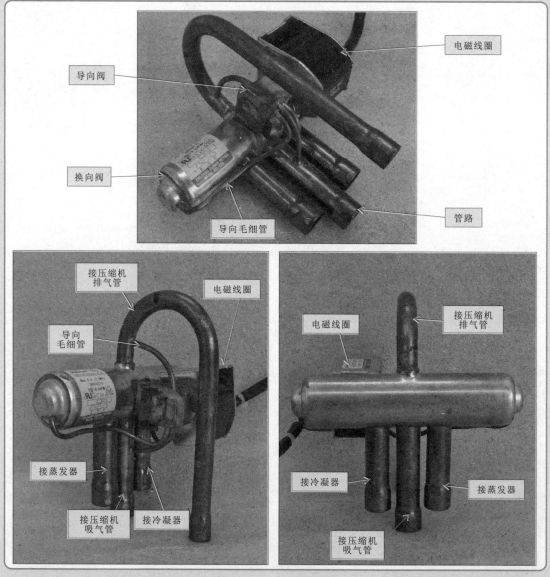

【电磁四通阀的结构（续）】

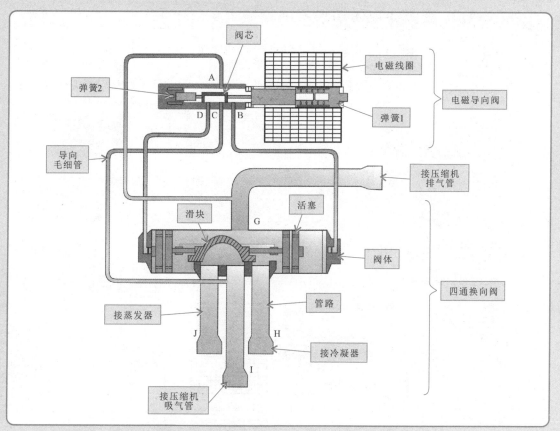

特别提醒

在冷暖型空调器中都安装有一个电磁四通阀，主要用来改变制冷管路中制冷剂的流向，实现制冷和制热模式的转换。电磁四通阀通常位于空调器室外机中压缩机的上方。

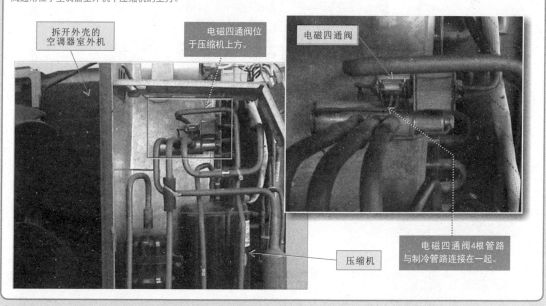

8.1.2 空调器电磁四通阀的功能

　　空调器制冷、制热模式的转变，是通过电磁四通阀进行控制的。下面，分别介绍电磁四通阀制冷过程和制热过程。

【电磁四通阀工作过程分析】

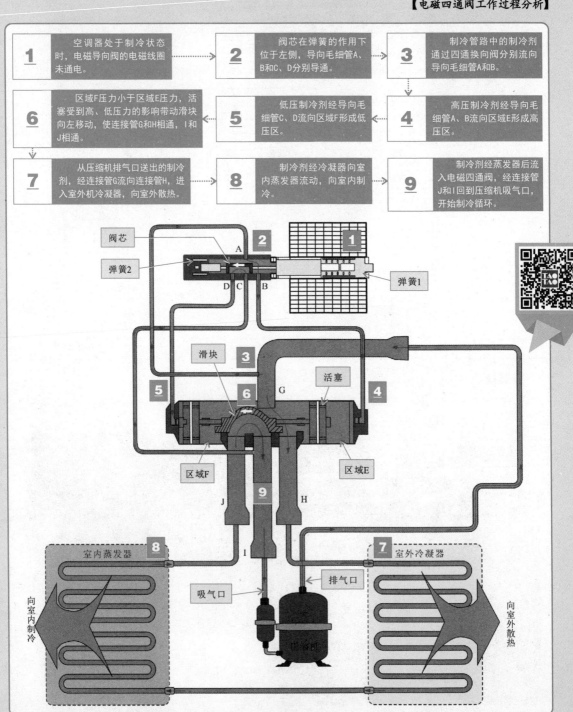

1	空调器处于制冷状态时，电磁导向阀的电磁线圈未通电。
2	阀芯在弹簧的作用下位于左侧，导向毛细管A、B和C、D分别导通。
3	制冷管路中的制冷剂通过四通换向阀分别流向导向毛细管A和B。
6	区域F压力小于区域E压力，活塞受到高、低压力的影响带动滑块向左移动，使连接管G和H相通，I和J相通。
5	低压制冷剂经导向毛细管C、D流向区域F形成低压区。
4	高压制冷剂经导向毛细管A、B流向区域E形成高压区。
7	从压缩机排气口送出的制冷剂，经连接管G流向连接管H，进入室外机冷凝器，向室外散热。
8	制冷剂经冷凝器向室内蒸发器流动，向室内制冷。
9	制冷剂经蒸发器后流入电磁四通阀，经连接管J和I回到压缩机吸气口，开始制冷循环。

阀芯
弹簧2
弹簧1
滑块
活塞
区域F
区域E
室内蒸发器
向室内制冷
吸气口
排气口
室外冷凝器
向室外散热

【电磁四通阀工作过程分析（续）】

10 空调器处于制热状态时，电磁导向阀的电磁线圈通电。

11 阀芯在弹簧和磁力的作用下向右移动，导向毛细管A、D和C、B分别导通。

12 制冷管路中的制冷剂通过四通换向阀分别流向导向毛细管A和D。

15 区域F压力大于区域E压力，活塞受到高、低压力的影响带动滑块向右移动，使连接管G和J相通，I和H相通。

14 低压制冷剂经导向毛细管C、B流向区域E形成低压区。

13 高压制冷剂经导向毛细管A、D流向区域F形成高压区。

16 从压缩机排气口送出的制冷剂，经连接管G流向连接管J，进入室内机蒸发器，向室内制热。

17 制冷剂经蒸发器向室外冷凝器流动，向室外散发冷气。

18 制冷剂经冷凝器后流入电磁四通阀，经连接管H和I回到压缩机吸气口，开始制热循环。

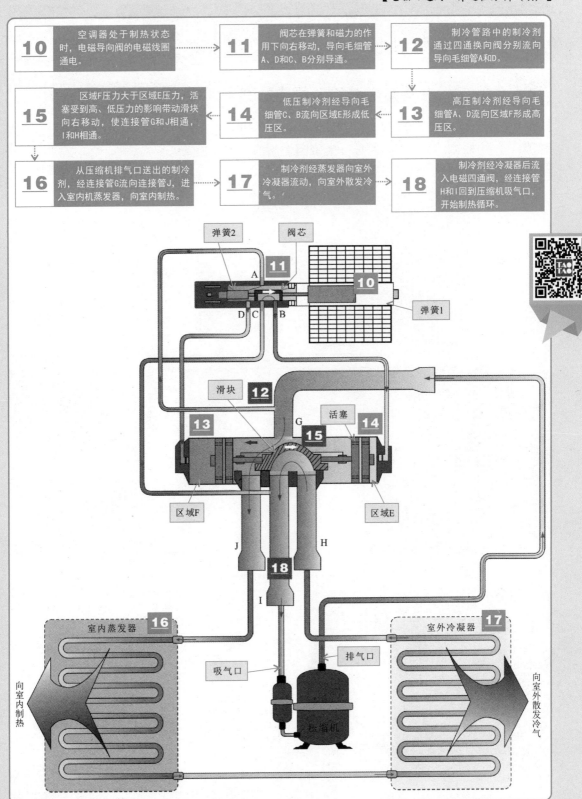

8.2
空调器电磁四通阀的检测、拆卸与代换

第8章

　　电磁四通阀发生故障时，空调器会出现制冷/制热异常，制冷/制热模式切换失灵等故障。下面就来了解一下如何进行电磁四通阀的检测。

【电磁四通阀的检测方法】

❶ 检查电磁四通阀管路是否泄漏。

❷ 检查电磁四通阀的内部部件。

❸ 检测电磁四通阀的电磁线圈阻值。

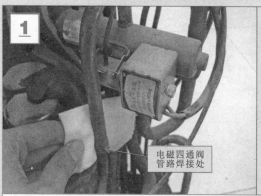

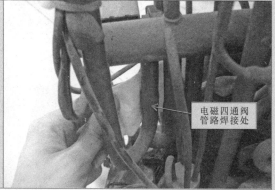

用白纸擦拭电磁四通阀的四个管路焊接处。若白纸上有油污，则说明该焊接处有泄漏故障，需进行补漏操作。

用手触摸电磁四通阀管路温度，判断电磁四通阀内部故障的原因。

特别提醒

正常情况下，电磁四通阀管路的温度情况。

空调器工作情况	接压缩机排气管	接压缩机吸气管	接蒸发器
制冷状态	热	冷	冷
制热状态	热	冷	热

空调器工作情况	接冷凝器	左侧毛细管温度	右侧毛细管温度
制冷状态	热	较冷	较热
制热状态	冷	较热	较冷

【电磁四通阀的检测方法（续）】

特别提醒

电磁四通阀常见故障表现和故障原因。

故障表现	压缩机排气管一侧	压缩机吸气管一侧	蒸发器一侧	冷凝器一侧	左侧毛细管	右侧毛细管	故障原因
电磁四通阀不能从制冷转到制热	热	冷	冷	热	阀体温度	热	阀体内脏污
	热	冷	冷	热	阀体温度	阀体温度	毛细管阻塞、变形
	热	冷	冷	暖	阀体温度	暖	压缩机故障
电磁四通阀不能从制热转到制冷	热	冷	热	冷	阀体温度	阀体温度	压力差过高
	热	冷	热	冷	阀体温度	阀体温度	毛细管堵塞
	热	冷	热	冷	热	热	导向阀损坏
	暖	冷	暖	冷	暖	阀体温度	压缩机故障
制热时内部泄漏	热	冷	热	冷	暖	暖	导向阀泄漏
	热	热	热	热	阀体温度	热	串气、压力不足、阀芯损坏
不能完全转换	热	暖	暖	热	阀体温度	热	压力不够、流量不足或滑块、活塞损坏

◆电磁四通阀不能从制冷转到制热时，提高压缩机排出压力，清除阀体内的脏物或更换四通阀。
◆电磁四通阀不能完全转换时，提高压缩机排出压力或更换四通阀。
◆电磁四通阀制热时内部泄漏时，提高压缩机排出压力，敲动阀体或更换四通阀。
◆电磁四通阀不能从制热转到制冷时，检查制冷系统，提高压缩机排出压力，清除阀体内脏物，更换四通阀或更换维修压缩机。

使用万用表检测电磁四通阀的电磁线圈阻值。

特别提醒

1 万用表挡位调整至"欧姆挡"。

2 将万用表的红、黑表笔任意插入电磁线圈连接插件两引脚端。

红表笔

黑表笔

3 在正常情况下，万用表测得的阻值约为1.468kΩ。

特别提醒

　　电磁四通阀除了上述几种检测方法外，也可通过声音判断电磁四通阀的好坏。电磁四通阀只有在进行制热时才会工作。因此，若电磁四通阀长时间不工作，则内部的阀芯或滑块有可能无法移动到位，造成堵塞。在制热模式下，起动空调器时，电磁四通阀会发出轻微的撞击声，若没有撞击声，则可使用木棒或螺钉旋具轻轻敲击电磁四通阀，利用振动恢复阀芯或滑块的移动能力。

8.2.2 空调器电磁四通阀的拆卸与代换

若电磁四通阀内部堵塞或部件损坏等故障，需要对电磁四通阀整体进行代换，若只是线圈损坏，则单独对线圈进行更换即可。

1. 电磁四通阀线圈的拆卸与代换

在动手代换电磁四通阀电磁线圈前，首先要根据电磁线圈与电磁四通阀及电路板的连接关系制订基本的代换方案。

【电磁四通阀线圈的拆卸与代换流程】

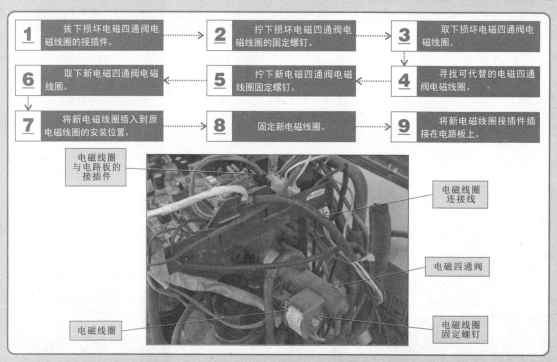

1 拔下损坏电磁四通阀电磁线圈的接插件。	**2** 拧下损坏电磁四通阀电磁线圈的固定螺钉。	**3** 取下损坏电磁四通阀电磁线圈。
6 取下新电磁四通阀电磁线圈。	**5** 拧下新电磁四通阀电磁线圈固定螺钉。	**4** 寻找可代替的电磁四通阀电磁线圈。
7 将新电磁线圈插入到原电磁线圈的安装位置。	**8** 固定新电磁线圈。	**9** 将新电磁线圈接插件插接在电路板上。

电磁线圈与电路板的接插件

电磁线圈连接线

电磁四通阀

电磁线圈

电磁线圈固定螺钉

根据电磁四通阀电磁线圈的代换方案，可对电磁线圈进行拆卸代换。

【电磁四通阀线圈的拆卸与代换方法】

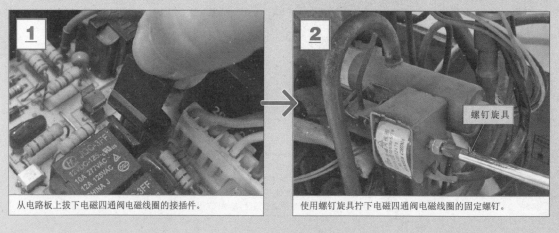

1	2
从电路板上拔下电磁四通阀电磁线圈的接插件。	螺钉旋具 使用螺钉旋具拧下电磁四通阀电磁线圈的固定螺钉。

【电磁四通阀线圈的拆卸与代换方法（续）】

3

从电磁四通阀上取下电磁线圈。

特别提醒　新的线圈必须保证与损坏的线圈参数相同，才可进行替换

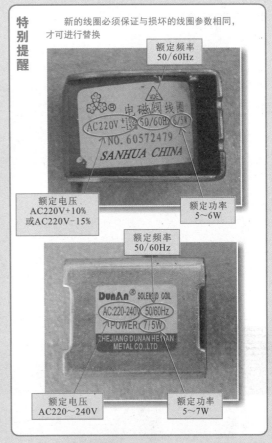

额定频率
50/60Hz

额定电压
AC220V+10%
或AC220V-15%

额定功率
5～6W

额定频率
50/60Hz

额定电压
AC220～240V

额定功率
5～7W

4

寻找与损坏电磁四通阀电磁线圈规格、参数及安装方式相同的电磁线圈。

5

使用螺钉旋具拧下新电磁四通阀电磁线圈的固定螺钉。

6

从新电磁四通阀上取下电磁线圈。

8

使用螺钉旋具拧上新电磁线圈的固定螺钉。

7

将新电磁线圈插到损坏电磁线圈的安装位置处。

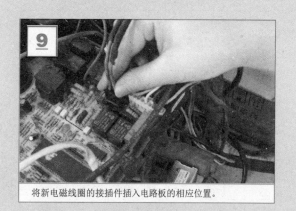

将新电磁线圈的接插件插入电路板的相应位置。

特别提醒

电磁线圈更换完成后，将空调器外壳复原，通电试机，恢复正常，故障被排除。

 2. 电磁四通阀的拆卸与代换

当空调器电磁四通阀出现内部堵塞或部件损坏故障时，就需要使用规格相同的电磁四通阀进行代换。在动手拆卸空调器电磁四通阀之前，首先要根据电磁四通阀与制冷管路的位置关系制订基本的代换方案。

【电磁四通阀的拆卸与代换流程】

1 拆焊电磁四通阀与压缩机排气管连接的管路。	→	2 拆焊电磁四通阀与冷凝器连接的管路。	→	3 拆焊电磁四通阀与压缩机吸气管连接的管路。
6 将电磁四通阀放到原电磁四通阀安装位置。	←	5 寻找可代替的电磁四通阀。	←	4 拆焊电磁四通阀与蒸发器连接的管路。
7 在电磁四通阀阀体上覆盖湿布。		8 焊接电磁四通阀与压缩机排气管路焊接处。	→	9 焊接电磁四通阀与其他制冷管路焊接处。
		11 检漏、抽真空、充注制冷剂，通电试机。	←	10 取下覆盖在电磁四通阀阀体上的湿布。

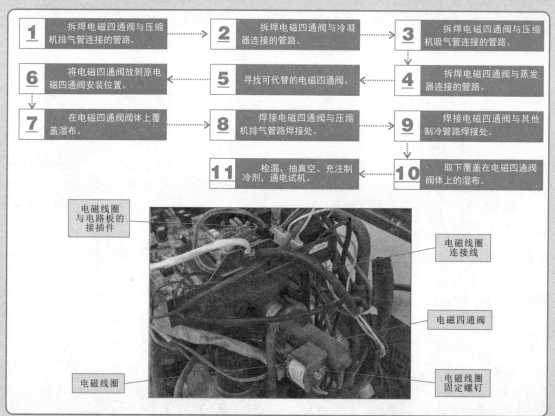

电磁线圈与电路板的接插件

电磁线圈连接线

电磁四通阀

电磁线圈

电磁线圈固定螺钉

下面，以典型空调器的电磁四通阀为例，介绍一下电磁四通阀代换操作的全过程。

【电磁四通阀的拆卸与代换方法】

1

钢丝钳

焊枪

　　使用焊枪加热电磁四通阀与压缩机排气管的连接处,加热一段时间后,使用钢丝钳将管路分离。

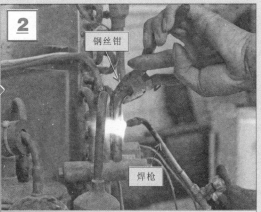

2

钢丝钳

焊枪

　　使用焊枪加热电磁四通阀与冷凝器的管路连接处,加热一段时间后,使用钢丝钳将管路分离。

4

钢丝钳

焊枪

　　使用焊枪加热电磁四通阀与蒸发器的管路连接处,加热一段时间后,使用钢丝钳将管路分离。

3

钢丝钳

焊枪

　　使用焊枪加热电磁四通阀与压缩机吸气管的连接处,加热一段时间后,使用钢丝钳将管路分离。

5

　　选用与损坏电磁四通阀规格参数、大小等相同的新电磁四通阀。

特别提醒

电磁四通阀连接的管路

拆卸完成的电磁四通阀

【电磁四通阀的拆卸与代换方法（续）】

6

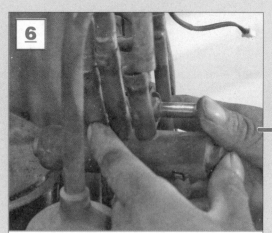

将新电磁四通阀放到原损坏电磁四通阀的安装位置，并对齐管路。

7

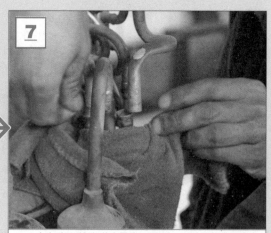

在电磁四通阀阀体上覆盖一层湿布，防止焊接时阀体过热。

9

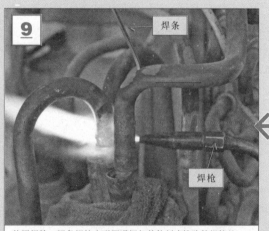

焊条

焊枪

使用焊枪、焊条焊接电磁四通阀与其他制冷管路的焊接处。

8

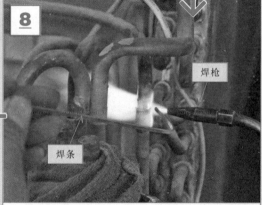

焊枪

焊条

使用焊枪、焊条焊接电磁四通阀与压缩机排气制冷管路的焊接处。

10

焊接完成，待管路冷却后，将盖在电磁四通阀阀体上的湿布取下。

11

对焊接部位进行检漏并对制冷管路进行抽真空、充注制冷剂操作，通电试机，排除故障。

特别提醒　为了能够看清楚操作过程和操作细节，在开焊和焊接电磁四通阀时没有采取严格的安全保护措施，整个过程由经验丰富的技师完成，维修人员在检测和练习时，一定要做好防护措施，以免造成电磁四通阀及其他部件的烧损。

第9章　空调器干燥节流组件的检测与代换训练

9.1
空调器干燥节流组件的结构与功能

　　干燥过滤器、毛细管、单向阀是空调器中重要的干燥节流组件，主要起节流、干燥、降压的作用。在进行干燥过滤器、毛细管、单向阀检修与代换前，首先要对这些部件的安装位置、结构特点和功能原理有一定的了解。

　　干燥过滤器、毛细管、单向阀在空调器中连接在一起，安装在室外机中。下面具体了解一下毛细管、干燥过滤器、单向阀在空调器室外机中的安装位置。

【干燥节流组件的结构】

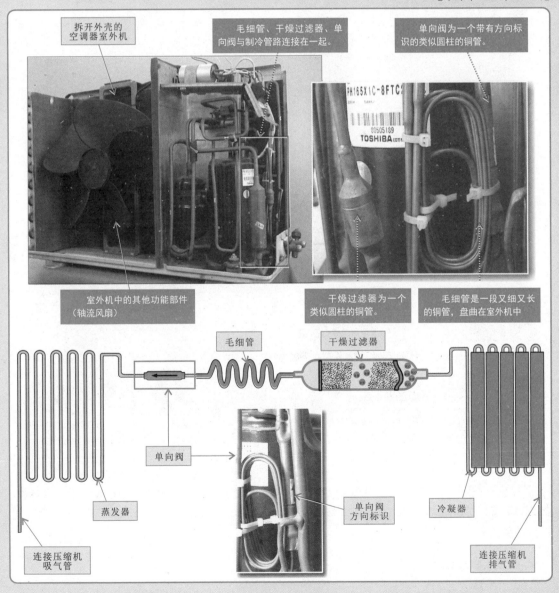

拆开外壳的空调器室外机

毛细管、干燥过滤器、单向阀与制冷管路连接在一起。

单向阀为一个带有方向标识的类似圆柱的铜管。

室外机中的其他功能部件（轴流风扇）

干燥过滤器为一个类似圆柱的铜管。

毛细管是一段又细又长的铜管，盘曲在室外机中

毛细管

干燥过滤器

单向阀

蒸发器

单向阀方向标识

冷凝器

连接压缩机吸气管

连接压缩机排气管

9.1.1 空调器干燥过滤器的结构与功能

1. 干燥过滤器的结构

　　干燥过滤器是空调器制冷管路中的过滤器件，主要用于吸附和过滤制冷管路中的水分和杂质，其外形类似于圆柱形铜管，通常位于毛细管与冷凝器之间，也有一些变频空调器在变频压缩机的吸气口和排气口处都有干燥过滤器。常见的干燥过滤器主要有单入口单出口干燥过滤器和单入口双出口干燥过滤器两种。

【干燥过滤器的结构】

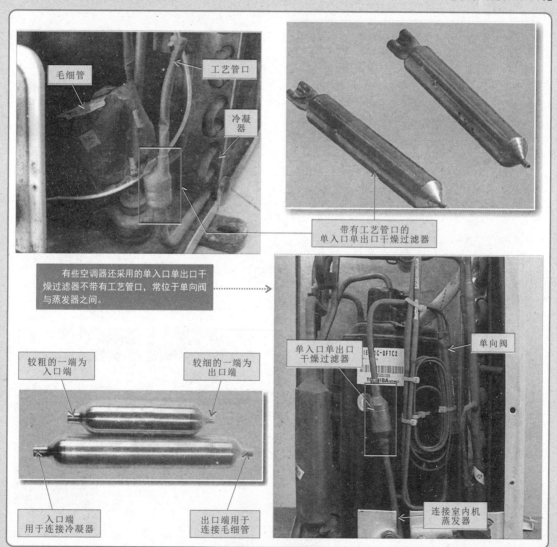

特别提醒

　　带工艺管口的单入口单出口干燥过滤器是一个入口端，一个出口端，其中有一个端口的一端为入口端，用以连接冷凝器，两个端口的一端为出口端和工艺管口，用以连接毛细管。

【干燥过滤器的结构】

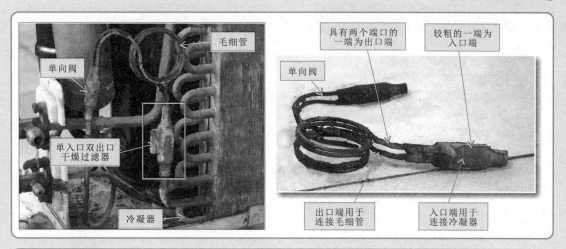

特别提醒

　　无论是单入口单出口干燥过滤器，还是单入口双出口干燥过滤器，其内部都是由粗金属网、细过滤网和干燥剂构成的。其中粗金属网为入口端过滤网，细过滤网为出口端过滤网，都是用于制冷剂中杂质的滤除，而干燥过滤器内部装有的干燥剂则为吸湿性良好的分子筛，用以吸收制冷剂中的水分，确保毛细管畅通和制冷系统的正常运行。

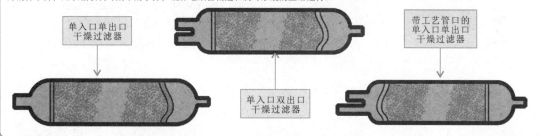

 2. 干燥过滤器的功能

　　干燥过滤器在空调器制冷管路中主要用于吸附和过滤制冷管路中的水分和杂质，防止毛细管出现脏堵或冰堵的故障，同时也减小杂质对制冷管路的腐蚀。

【干燥过滤器的功能】

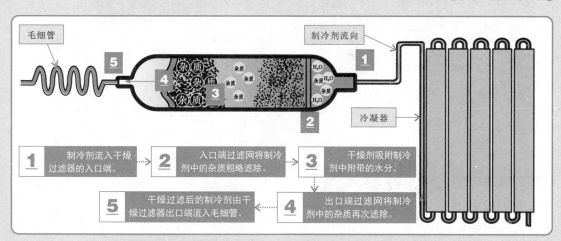

9.1.2 空调器毛细管的结构与功能

 1.毛细管的结构

毛细管是在空调器制冷管路中实现节流与降压功能的部件。其外形是一段又细又长的铜管，外面常包裹有隔热层。

【毛细管的结构】

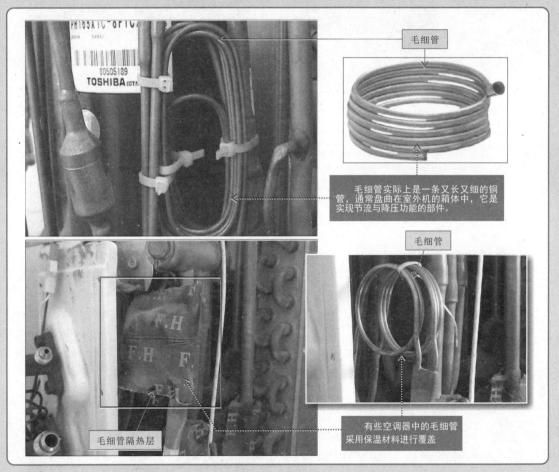

 2.毛细管的功能

毛细管在制冷管路中起到节流、降压、均衡管路压力的作用。

【毛细管的功能】

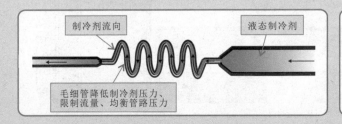

特别提醒

毛细管的外形十分细长，液态制冷剂流入毛细管时，会增强制冷剂在制冷管路中流动的阻力，从而起到降低制冷剂的压力，限制制冷剂流量的作用。空调器停止运转后，毛细管可均衡制冷管路中的压力，使高压管路和低压管路趋于平衡状态，便于下次起动。

9.1.3 空调器单向阀的结构与功能

1. 单向阀的结构

单向阀两端的管口有两种形式：一种为单接口式，常用于单冷型空调器中；另一种为双接口式，常用于冷暖型空调器中。这两种单向阀按内部结构又分为锥形单向阀和由阀珠构成的球形单向阀。

【单向阀的结构】

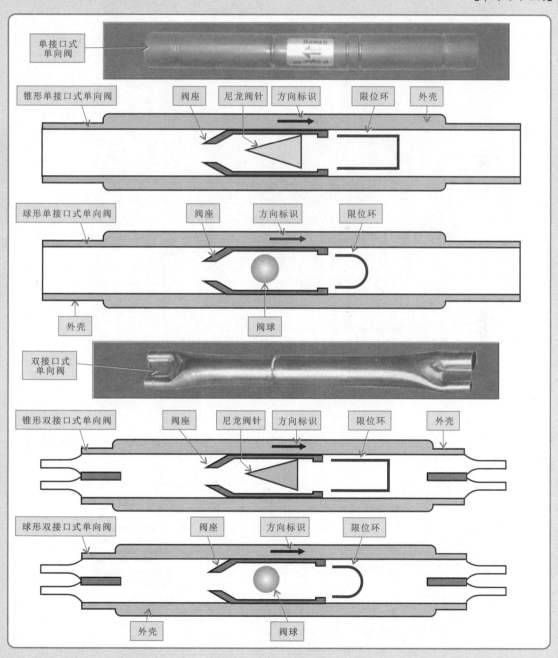

【单向阀的结构（续）】

特别提醒

　　单向阀在空调器制冷管路中用于控制制冷剂的流向，它具有单向导通、反向截止的特点。其外形为一个带有方向标识的铜管，位于蒸发器与毛细管、冷凝器与毛细管或毛细管与干燥过滤器之间。

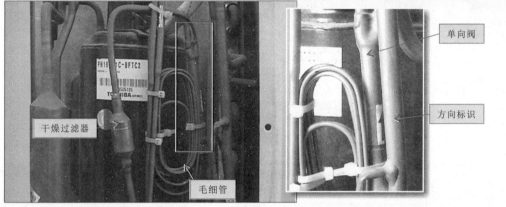

2. 单向阀的功能

　　单向阀在制冷管路中主要用于防止压缩机在停机时，其内部大量的高温高压蒸气倒流向蒸发器，使蒸发器升温，从而导致制冷效率降低。

【单向阀的功能】

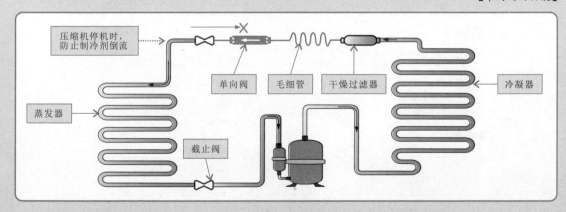

【单向阀的功能（续）】

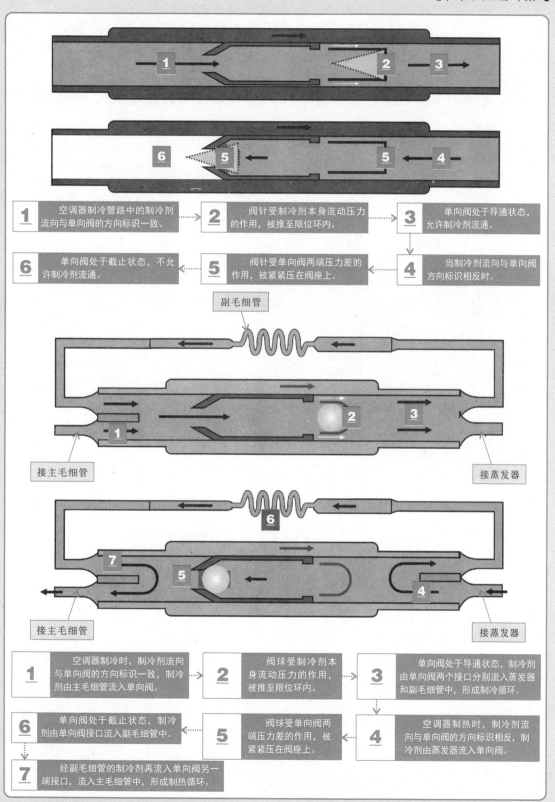

| 1 | 空调器制冷管路中的制冷剂流向与单向阀的方向标识一致。 | 2 | 阀针受制冷剂本身流动压力的作用，被推至限位环内。 | 3 | 单向阀处于导通状态，允许制冷剂流通。 |
| 6 | 单向阀处于截止状态，不允许制冷剂流通。 | 5 | 阀针受单向阀两端压力差的作用，被紧紧压在阀座上。 | 4 | 当制冷剂流向与单向阀方向标识相反时。 |

副毛细管

接主毛细管　　　　　　　　　　　　　　　　　接蒸发器

接主毛细管　　　　　　　　　　　　　　　　　接蒸发器

1	空调器制冷时，制冷剂流向与单向阀的方向标识一致，制冷剂由主毛细管流入单向阀。	2	阀球受制冷剂本身流动压力的作用，被推至限位环内。	3	单向阀处于导通状态，制冷剂由单向阀两个接口分别流入蒸发器和副毛细管中，形成制冷循环。
6	单向阀处于截止状态，制冷剂由单向阀接口流入副毛细管中。	5	阀球受单向阀两端压力差的作用，被紧紧压在阀座上。	4	空调器制热时，制冷剂流向与单向阀的方向标识相反，制冷剂由蒸发器流入单向阀。
7	经副毛细管的制冷剂再流入单向阀另一端接口，流入主毛细管中，形成制热循环。				

9.2

空调器干燥节流组件的检修、拆卸与代换

第9章

 9.2.1　空调器干燥节流组件的检修

　　毛细管、干燥过滤器、单向阀出现故障后，空调器会出现制冷或制热失灵、制冷或制热效果差等现象。在空调器中，毛细管、干燥过滤器和单向阀这三个部件通常连接在一起。其中，单向阀发生故障的可能性极小，毛细管和干燥过滤器由于功能所致，发生故障的可能性比较大。

【干燥节流组件的检修方法】

1 检修毛细管油堵故障。

2 检修毛细管冰堵故障。

3 检修毛细管脏堵故障。

4 观察干燥过滤器表面，判断干燥过滤器故障。

5 触摸蒸发器表面温度，判断干燥过滤器故障。

1

制热循环

制冷循环

将空调器制冷、制热开机起动，使制冷管路中的制冷剂呈正、反两个方向流动，利用制冷自身的流向将油堵冲开。

特别提醒

　　毛细管出现油堵故障多是由于压缩机冷冻机油进入制冷管路引起的。若是在炎热的夏天出现油堵故障，则空调器需要强制制热时，可将室外机温度传感器放入冷水中，使空调器制热；或是在温度传感器上并联一个20kΩ的电阻，使空调器强制加热。

温度传感器引线

盛有冷水的水杯

20kΩ电阻器

温度传感器插件

【干燥节流组件的检修方法（续）】

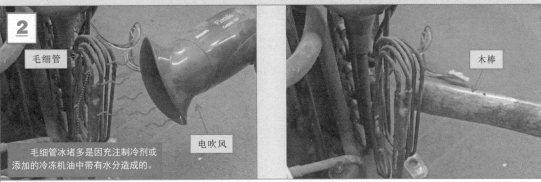

2 毛细管

木棒

电吹风

毛细管冰堵多是因充注制冷剂或添加的冷冻机油中带有水分造成的。

　　起动空调器，使用电吹风加热毛细管冰堵部位，然后用木棒反复不停地轻轻敲打加热部位，直至蒸发器能够有连续的喷气声，排除冰堵故障。

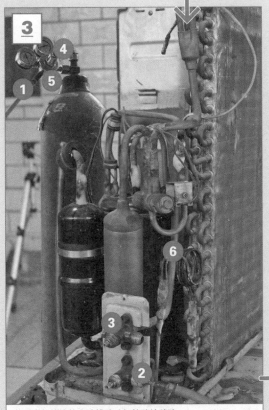

3

使用充氮清洁的方法排除毛细管脏堵故障。

特别提醒

1 用充氮专用的高压连接软管一端连接减压器的出气口。

2 将高压连接软管的另一端连接到空调器室外机二通截止阀的接口上。

3 用扳手将室外机上的三通截止阀和二通截止阀打开。

4 打开氮气瓶上的总阀门。

5 调整氮气瓶减压器上的调压手柄，使其出气压力约为1.5MPa。

6 向毛细管内充注氮气，同时可用焊枪加热毛细管，使脏物炭化，利于脏物排出。注意防止发生火灾。

4

干燥过滤器表面结霜

　　观察干燥过滤器表面，若出现凝露或结霜，则说明干燥过滤器出现堵塞。

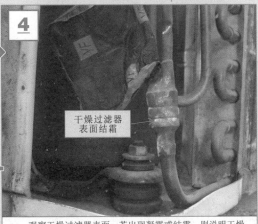

5

　　触摸蒸发器表面温度，若温度较热，则说明干燥过滤器有堵塞。

9.2.2　空调器干燥节流组件的拆卸与代换

当空调器干燥过滤器、毛细管和单向阀堵塞严重时，需要使用新的干燥过滤器、毛细管、单向阀进行代换。由于冷暖型空调器中干燥过滤器、毛细管和单向阀在室外机中连接在一起，因此代换时通常将这三个部件作为一个整体进行操作。在动手代换前，首先要制订基本的代换方案。

【干燥节流组件的拆卸代换流程】

下面以典型空调器的毛细管、干燥过滤器、单向阀组件为例，介绍一下该组件代换操作的具体方法。

【干燥节流组件拆卸代换的具体方法】

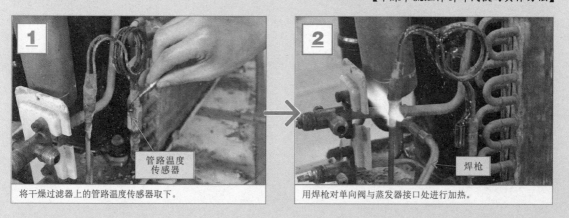

将干燥过滤器上的管路温度传感器取下。

用焊枪对单向阀与蒸发器接口处进行加热。

【干燥节流组件拆卸代换的具体方法（续）】

3

焊接处加热至暗红色后，用钢丝钳钳住单向阀向上提起。

特别提醒

分离后的单向阀与蒸发器管路

4

焊枪

用焊枪对干燥过滤器与冷凝器接口处进行加热。

5

钢丝钳

焊枪

加热至暗红色后，用钢丝钳钳住干燥过滤器向上提起。

特别提醒

与蒸发器连接的管路

与冷凝器连接的管路

6

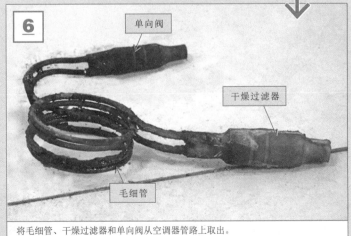

单向阀

干燥过滤器

毛细管

将毛细管、干燥过滤器和单向阀从空调器管路上取出。

【干燥节流组件拆卸代换的具体方法（续）】

7

干燥过滤器

将选用的新毛细管、干燥过滤器和单向阀组件的干燥过滤器一端插入冷凝器管路中。

8

单向阀

将选用的新毛细管、干燥过滤器和单向阀组件的单向阀一端插入蒸发器管路中。

10

焊条

当单向阀与管路接口处呈现暗红色时，将焊条放到焊口处熔化，对接口处进行焊接。

9

焊枪

使用焊枪加热单向阀与蒸发器的管路接口处。

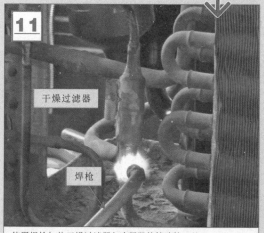

11

干燥过滤器

焊枪

使用焊枪加热干燥过滤器与冷凝器的管路接口处。

特别提醒

暗红色

【干燥节流组件拆卸代换的具体方法（续）】

当干燥过滤器与管路接口处呈现暗红色时，将焊条放到焊口处熔化，对接口处进行焊接。

焊接完成的管路接口

焊接完成的管路接口

对焊接部位进行检漏并对制冷管路进行抽真空、充注制冷剂操作，通电试机，故障排除。

特别提醒

将毛细管、干燥过滤器和单向阀整体取下后，可以使用氮气对其整体进行清洁。

打开氮气瓶，调节瓶上的减压阀出口压力。

打开氮气瓶总阀门

减压阀

将氮气瓶的连接软管管口对准干燥过滤器口。

干燥过滤器口

连接软管管口

使用氮气清洁干燥过滤器、毛细管、单向阀组件，吹出内部的杂质。

第10章　空调器电源电路的检修方法

10.1
空调器电源电路的结构和工作原理

变频空调器的电源电路和普通空调器的电源电路结构基本相同，主要分为室内机电源电路和室外机电源电路两部分。室内机电源电路与交流220 V输入电压连接，为室内机控制电路板和室外机电路供电；室外机电源电路则主要为室外机控制电路部分提供工作电压。两者的主要区别在于变频空调器的室外机电源电路还要为变频电路提供工作电压。下面，就以典型变频空调器为例介绍电源电路的检修方法。

10.1.1　空调器电源电路的结构

变频空调器电源电路根据室内机和室外机供电要求的不同，其电源电路也有所区别。变频空调器室内机电源电路位于室内机控制电路板上，其中熔断器、滤波线圈和桥式整流电路等是电源电路的主要器件。变频空调器室外机电源电路通常与室外机控制电路制作在一块电路板上，为室外机的主要器件及控制电路供电。

【典型变频空调器的电源电路】

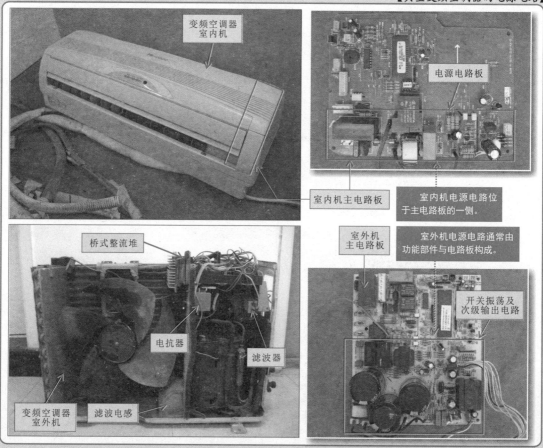

【典型变频空调器的电源电路（续）】

特别提醒

典型变频空调器电源电路的框图。

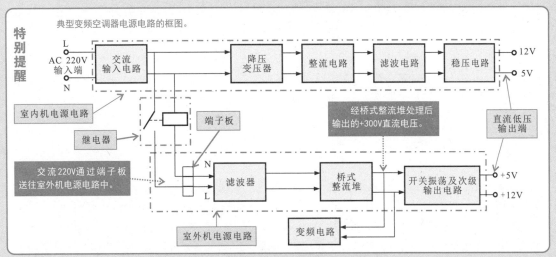

---

 1. 变频空调器室内机电源电路的结构

室内机的电源电路与交流220 V输入端子连接，为室内机控制电路板和室外机等进行供电。

【变频空调器室内机电源电路的结构】

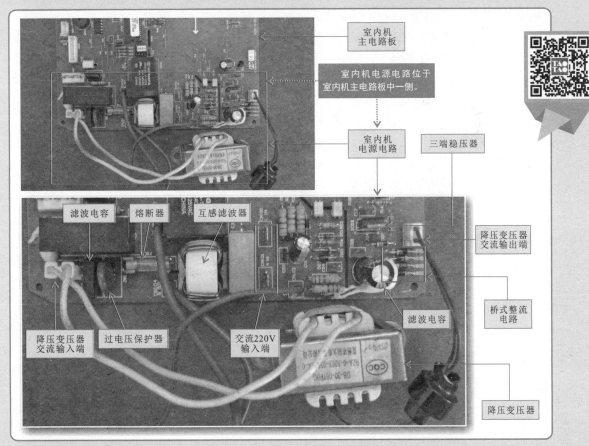

变频空调器室内机电源电路主要由互感滤波器、熔断器、过电压保护器、降压变压器、桥式整流电路、三端稳压器和滤波电容等元器件组成。下面，让我们具体认识一下这些元器件。

变频空调器室内机电源电路中的互感滤波器是由两组线圈在磁心上对称绕制而成的，其作用是通过互感原理消除来自外部电网的干扰，同时使空调器产生的脉冲信号不会辐射到外部电网对其他电子设备造成影响。

【电源电路中的互感滤波器】

熔断器在电源电路中主要起到保证电路安全运行的作用，它通常串接在交流220V输入电路中，当变频空调器的电路发生过载故障或异常时，电流会不断升高，而过高的电流有可能损坏电路中的某些重要元器件，甚至可能烧毁电路。而熔断器会在电流异常升高到一定程度时，靠自身熔断来切断电路，从而起到保护电路的目的。

【电源电路中的熔断器】

变频电源电路中的过电压保护器实际是一只压敏电阻器。当送给变频空调器电路中的交流220V电压过高，达到或者超过过电压保护器的临界值时，过电压保护器的阻值会急剧变小，这样就会使熔断器迅速熔断，起到保护电路的作用。

【电源电路中的过电压保护器】

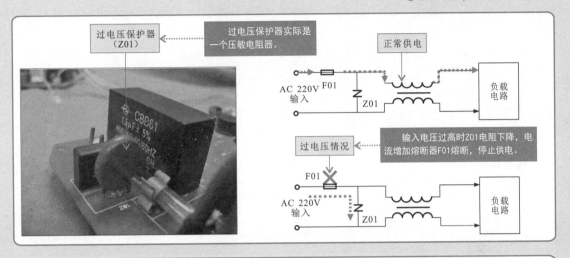

特别提醒

为了使电路图中的图形与文字符号与实物电路板上的符号保持一致，本书中的某些符号没有采用国家标准符号。

交流降压变压器是变频空调器电源电路中体积较大的元器件之一，其功能是将交流220 V电压转变成交流低压后送到电路板上。该交流低电压经桥式整流、滤波和稳压后形成+12 V或+5 V的直流电压。

【电源电路中的降压变压器】

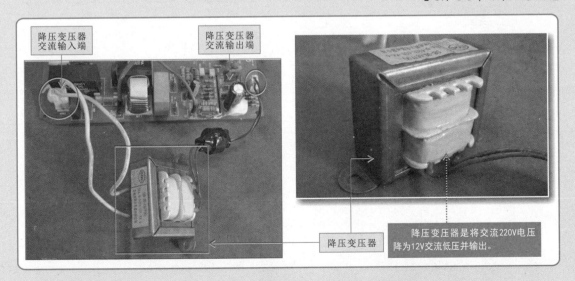

变频空调器室内机电源电路中的桥式整流电路是由四只整流二极管（D09、D08、D10、D02）按照桥式整流的结构连接而成，主要作用是将降压变压器输出的交流低压整流为直流电压。

【电源电路中的桥式整流电路】

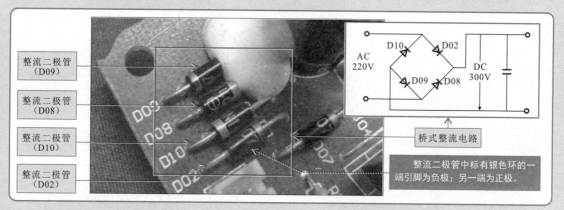

整流二极管
（D09）

整流二极管
（D08）

整流二极管
（D10）

整流二极管
（D02）

桥式整流电路

整流二极管中标有银色环的一
端引脚为负极；另一端为正极。

特别提醒

不同型号、不同品牌空调器中电源电路的桥式整流电路也有所不同，一般由四个整流二极管组成桥式整流电路进行整流，也有些空调器电源电路采用桥式整流堆（将四个整流二极管集成在一起）进行整流。其中桥式整流堆还可以分为方形桥式整流堆和扁形桥式整流堆。

桥式整流电路，是由四个整流二极管接成桥形。

方形桥式整流堆是将四个整流二极管集成在一起，其中两个引脚为交流输入端，另外两个为直流输出端。

将二极管桥式整流电路封装成单列直插式电路模块。

桥式整流电路

方形桥式整流堆

桥式整流堆

　　三端稳压器共有三个引脚，分别为输入端、输出端和接地端，由桥式整流电路送来的直流电压（+12 V）经三端稳压器稳压后输出+5 V直流电压，为控制电路或其他部件供电。

【电源电路中的三端稳压器】

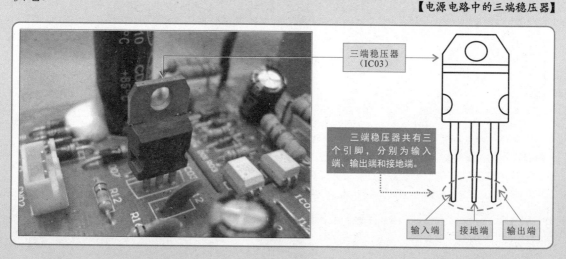

三端稳压器
（IC03）

三端稳压器共有三个引脚，分别为输入端、输出端和接地端。

输入端　接地端　输出端

2.变频空调器室外机电源电路的结构

变频空调器室外机电源电路主要为室外机控制电路和变频电路等部分提供工作电压。

【变频空调器室外机电源电路的结构】

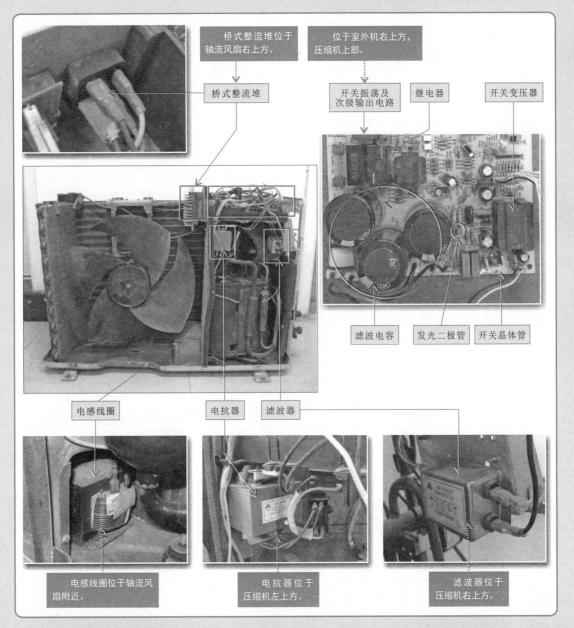

桥式整流堆位于轴流风扇右上方。

位于室外机右上方，压缩机上部。

桥式整流堆

开关振荡及次级输出电路

继电器

开关变压器

滤波电容

发光二极管

开关晶体管

电感线圈

电抗器

滤波器

电感线圈位于轴流风扇附近。

电抗器位于压缩机左上方。

滤波器位于压缩机右上方。

变频空调器室外机电源电路主要由滤波器、电抗器、桥式整流堆、滤波电感、继电器、滤波电容器、开关变压器、开关晶体管以及发光二极管等构成。

滤波器在变频空调器室外机电源电路中主要用于滤除室外机开关振荡及次级输出电路中产生的电磁干扰。其内部主要由电阻器、电容器以及电感器等器件构成。

135

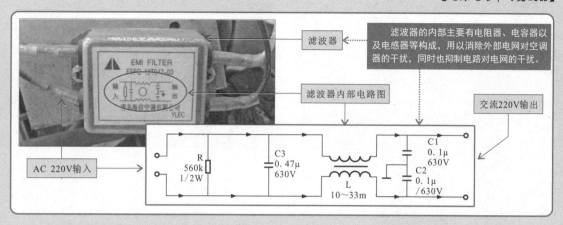

变频空调器室外机电源电路中，由电抗器和滤波电容对滤波器输出的电压进行平滑滤波，为桥式整流堆提供波动较小的交流电。桥式整流堆用于将滤波后的交流220V电压整流成300V左右的直流电压，再经滤波电感平滑滤波后，为室外机开关振荡及次级输出电路供压。

【电源电路中的电抗器、滤波电感和桥式整流堆】

继电器是一种当输入电磁量达到一定值时，输出量将发生跳跃式变化的自动控制器件。在空调器室外机电源电路中继电器是一种由电磁线圈控制触点通断的器件。

【电源电路中的继电器】

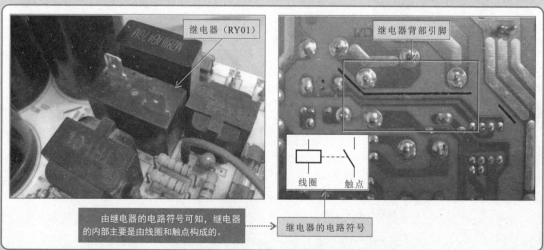

滤波电容器在室外机开关振荡及次级输出电路中体积较大，主要是对直流电压进行平滑滤波处理，滤除直流电压中的脉动分量，将输出电压变为稳定的直流电压。

【电源电路中的滤波器】

滤波电容器（C400）

滤波电容器（C37）

滤波电容器的作用是对电压进行平滑滤波处理，将输出电压变为稳定的直流电压。

滤波电容器（C38）

在滤波电容器的外壳上通常标有负极性标识，方便确认引脚极性。

开关晶体管一般安装在散热片上，主要起到开关的作用。

【电源电路中的开关晶体管】

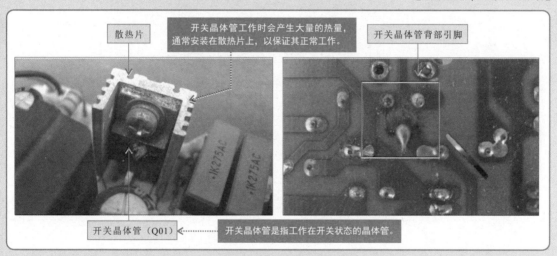

散热片

开关晶体管工作时会产生大量的热量，通常安装在散热片上，以保证其正常工作。

开关晶体管背部引脚

开关晶体管（Q01）

开关晶体管是指工作在开关状态的晶体管。

发光二极管是一种指示器件，在变频空调器的开关振荡及次级输出电路中主要用于指示工作状态，在电路上常以字母"LED"或"D"文字标识。

【电源电路中的发光二极管】

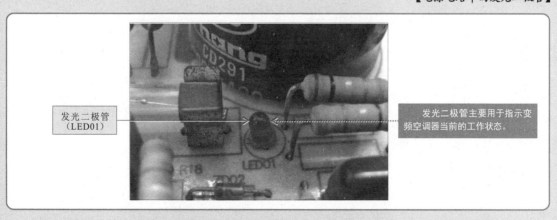

发光二极管（LED01）

发光二极管主要用于指示变频空调器当前的工作状态。

10.1.2 空调器电源电路的工作原理

变频空调器电源电路主要是将交流220 V电压经变换后，分别为变频空调器的室内机和室外机提供工作电压。

1. 变频空调器室内机电源电路的工作原理

变频空调器室内机的电源电路主要由互感滤波器L05、降压变压器、桥式整流电路（D02、D08、D09、D10）、三端稳压器IC03（LM7805）等构成。

【典型变频空调器室内机的电源电路】

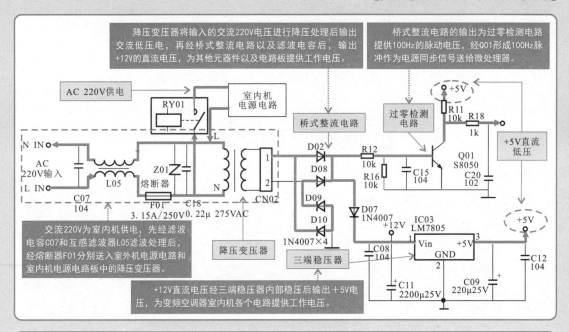

降压变压器将输入的交流220V电压进行降压处理后输出交流低压电，再经桥式整流电路以及滤波电容后，输出+12V的直流电压，为其他元器件以及电路板提供工作电压。

桥式整流电路的输出为过零检测电路提供100Hz的脉动电压，经Q01形成100Hz脉冲作为电源同步信号送给微处理器。

交流220V为室内机供电，先经滤波电容C07和互感滤波器L05滤波处理后，经熔断器F01分别送入室外机电源电路和室内机电源电路板中的降压变压器。

+12V直流电压经三端稳压器内部稳压后输出+5V电压，为变频空调器室内机各个电路提供工作电压。

特别提醒

在变频空调器室内机电源电路中，设置有过零检测电路即电源同步脉冲形成电路，变压器输出的交流12V，经桥式整流电路（D02、D08、D09、D10）整流输出脉动电压，经R12和R16分压提供给晶体管Q01，当晶体管Q01的基极电压小于0.7V（晶体管内部PN结的导通电压）时，Q01不导通；而当Q01的基极电压大于0.7V时，Q01导通，从而检出一个过零脉冲信号送入微处理器的脚，为微处理器提供电源同步脉冲。

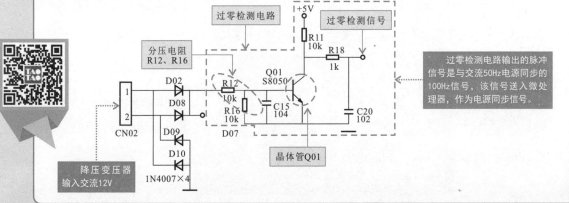

过零检测电路输出的脉冲信号是与交流50Hz电源同步的100Hz信号，该信号送入微处理器，作为电源同步信号。

2.变频空调器室外机电源电路的工作原理

变频空调器室外机的电源是由室内机通过导线供给的，交流220 V电压送入室外机后，分成两路：一路经整流滤波后为变频模块供电，另一路经开关振荡及次级输出电路后形成直流低压为控制电路供电。

【典型变频空调器室外机的电源电路】

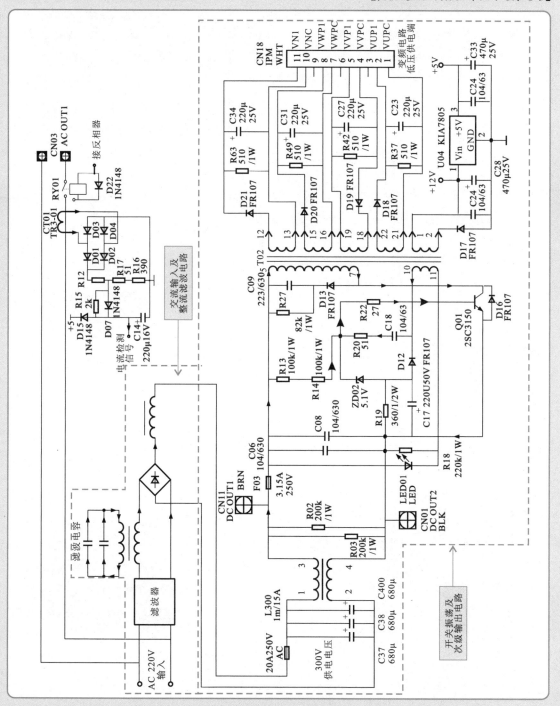

变频空调器室外机电源电路较为复杂，为了搞清楚该电路的工作原理，可以将其分为交流输入及整流滤波电路和开关振荡及次级输出电路两部分，下面分别对两部分电路进行分析。

交流输入及整流滤波电路主要由滤波器、电抗器、桥式整流堆等元器件构成。

【典型变频空调器的电源电路】

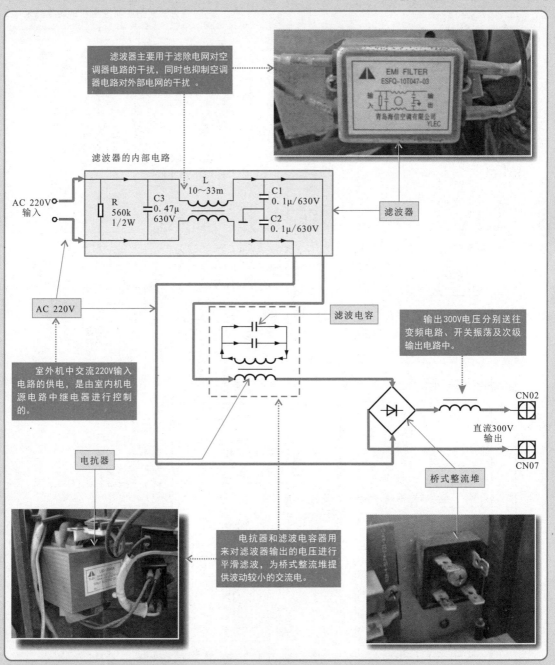

开关振荡及次级输出电路部分主要由熔断器F02、互感滤波器、开关晶体管Q01、开关变压器T02、次级整流、滤波电路和三端稳压器U04（KIA7805）等构成。

【典型变频空调器的电源电路】

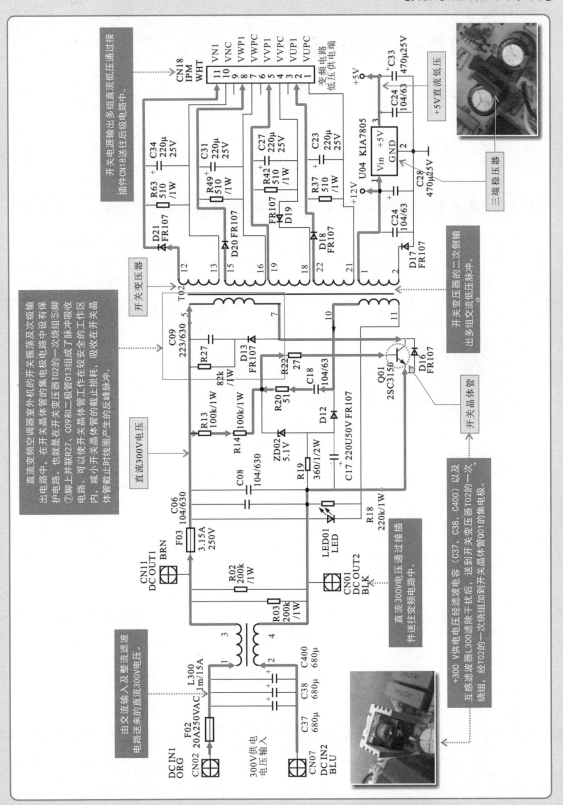

10.2
空调器电源电路的检测

对于变频空调器电源电路的检测，可使用万用表或示波器来测量，然后将实测值或波形与正常变频空调器电源电路的数值或波形进行比较，即可判断出电源电路的故障部位。

检测时，可依据电源电路的检修分析对可能产生故障的部件逐一检修。首先要对变频空调器室内机的电源电路进行检修。

10.2.1　变频空调器室内机电源电路的检测

当变频空调器室内机不能正常工作时，维修人员可首先判断变频空调器的供电是否正常，通过排除法找到故障点，排除故障。在实际检测时可根据电源电路的信号流程制定检修流程，对可能产生故障的部件逐一排查。

【室内机电源电路输出直流低压的检测方法】

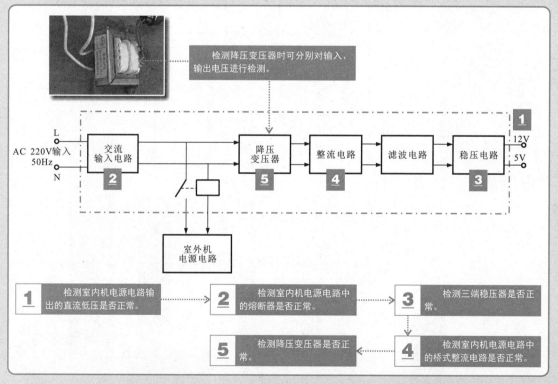

1.电源电路输出直流低压的检测

若变频空调器出现不工作，或没有供电的故障时，可先对室内机电源电路输出的各路直流低压进行检测。

【室内机电源电路输出直流低压的检测】

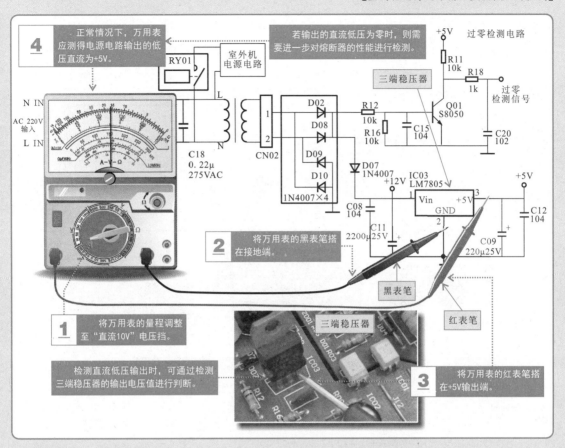

4 正常情况下，万用表应测得电源电路输出的低压直流为+5V。

若输出的直流低压为零时，则需要进一步对熔断器的性能进行检测。

2 将万用表的黑表笔搭在接地端。

黑表笔

红表笔

三端稳压器

1 将万用表的量程调整至"直流10V"电压挡。

检测直流低压输出时，可通过检测三端稳压器的输出电压值进行判断。

3 将万用表的红表笔搭在+5V输出端。

 2. 熔断器的检测

若检测室内机电源电路无直流低压输出时，应对保护器件进行检测，即检测熔断器是否损坏，正常情况下，使用万用表检测熔断器两引脚间的阻值为0Ω。

【熔断器的检测】

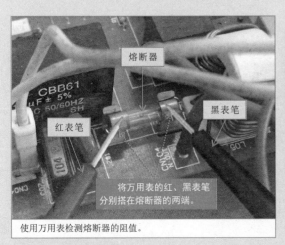

熔断器

黑表笔

红表笔

将万用表的红、黑表笔分别搭在熔断器的两端。

使用万用表检测熔断器的阻值。

MODEL MF47-8
全保护·遥控器检测

正常情况下，万用表测得熔断器两引脚间的阻值为0Ω。

特别提醒

若熔断器本身损坏，应以同型号的熔断器进行更换；若熔断器正常，可按由后向前的顺序对直流低压输出端前级的重要元器件进行检测。

引起熔断器烧坏的原因很多，但引起熔断器烧坏的多数情况是交流输入电路或开关电路中有过载现象。这时应进一步检查电路，排除过载元器件后，再开机。否则即使更换熔断器后，可能还会烧断。

 3.三端稳压器的检测

经检测熔断器正常，电源电路仍无直流低压输出时，则需要对前级电路中的稳压器件进行检测，即检测三端稳压器是否正常。

【三端稳压器的检测】

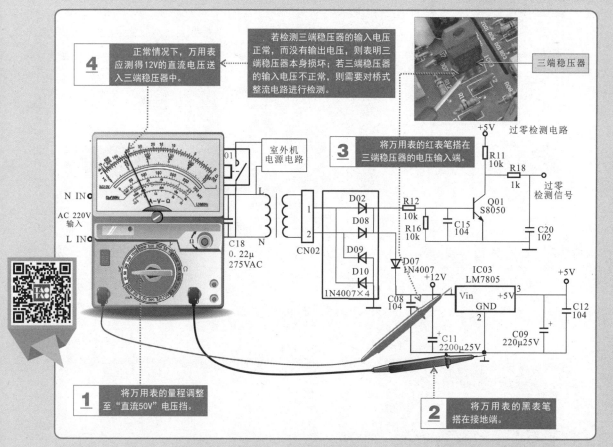

 4.桥式整流电路的检测

当检测三端稳压器时，没有检测到输入电压时，应对前级电路中桥式整流电路输出的电压进行检测，检测该电压是否正常时，通常是对桥式整流电路的性能进行判断。

通常情况下，检测桥式整流电路中的整流二极管是否正常，可在断电状态下，使用万用表对桥式整流电路中的四个整流二极管进行检测。

【桥式整流电路的检测】

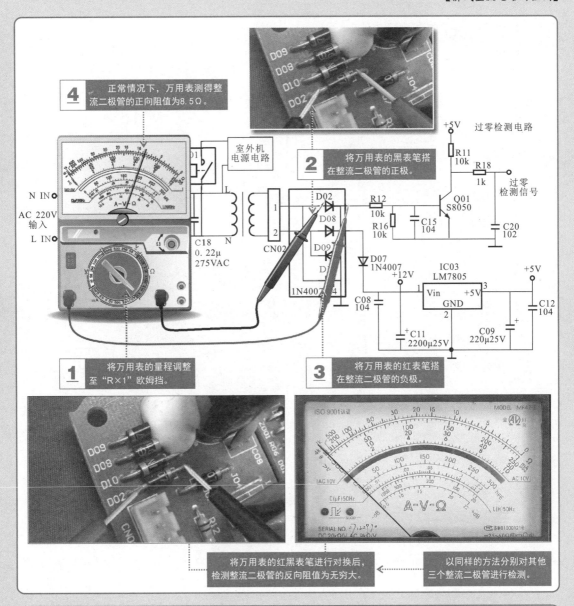

4 正常情况下，万用表测得整流二极管的正向阻值为8.5Ω。

2 将万用表的黑表笔搭在整流二极管的正极。

1 将万用表的量程调整至"R×1"欧姆挡。

3 将万用表的红表笔搭在整流二极管的负极。

室外机电源电路

过零检测电路

将万用表的红黑表笔进行对换后，检测整流二极管的反向阻值为无穷大。

以同样的方法分别对其他三个整流二极管进行检测。

特别提醒

在路检测桥式整流电路中的整流二极管时，很可能会受到外围元器件的影响，导致实测结果不一致，也没有明显的规律，而且具体数值也会因电路结构的不同而有所区别。因此，若经在路初步检测怀疑整流二极管异常时，可将其从电路板上取下后再进一步检测和判断。通常，开路状态下，整流二极管应满足正向导通、反向截止的特性。

5.降压变压器的检测

经检测电源电路中的桥式整流电路正常，但故障仍然存在时，则需要对降压变压器本身进行检测。检测降压变压器时，可使用万用表检测降压变压器的输入、输出电压是否正常，若输入电压正常，而输出不正常，则表明降压变压器损坏。

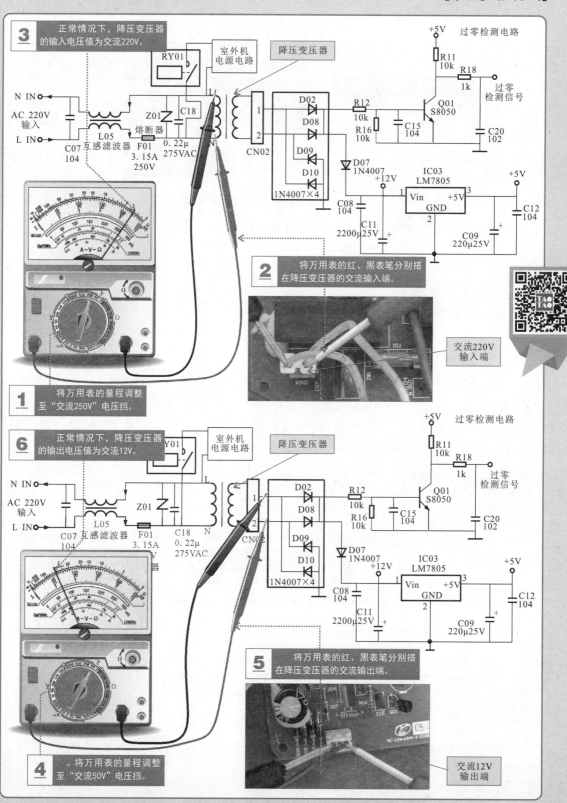

3 正常情况下,降压变压器的输入电压值为交流220V。

过零检测电路

室外机电源电路

降压变压器

2 将万用表的红、黑表笔分别搭在降压变压器的交流输入端。

交流220V输入端

1 将万用表的量程调整至"交流250V"电压挡。

6 正常情况下,降压变压器的输出电压值为交流12V。

过零检测电路

室外机电源电路

降压变压器

5 将万用表的红、黑表笔分别搭在降压变压器的交流输出端。

交流12V输出端

4 将万用表的量程调整至"交流50V"电压挡。

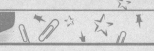

10.2.2 变频空调器室外机电源电路的检测

若经检测变频空调器室内机电源电路均正常，但变频空调器仍然存在故障，此时，则需要对变频空调器室外机的电源电路部分进行检测。判断室外机电源电路是否正常时，同样应先对室外机电源电路输出的直流低压进行检测。

【室内机电源电路的检测流程】

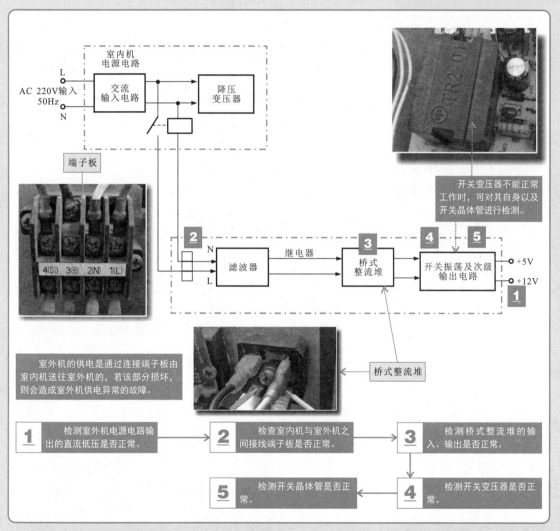

1. 电源电路输出直流低压的检测

若怀疑变频空调器室外机电源电路异常时，应首先检测该电路输出的直流低压是否正常。若输出的低压正常，则表明室外机的电源电路正常。

若检测某一路直流低压不正常，则需要对前级电路的主要元器件（三端稳压器和整流二极管等）进行检测，具体检测方法与室内机元器件的检测相同。若无直流低压输出，则需要对室内机与室外机的供电线路进行检测。

【变频空调器室外机输出直流低压的检测】

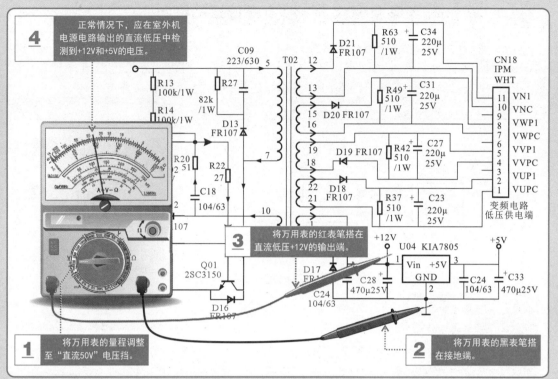

4 正常情况下,应在室外机电源电路输出的直流低压中检测到+12V和+5V的电压。

3 将万用表的红表笔搭在直流低压+12V的输出端。

1 将万用表的量程调整至"直流50V"电压挡。

2 将万用表的黑表笔搭在接地端。

 2. 室内机与室外机连接端子板的检测

　　经检测室外机电源电路无任何输出电压时,可以对室外机的供电部分进行检测,即检测室内机与室外机的连接端子板处是否正常。

【连接端子板的检测】

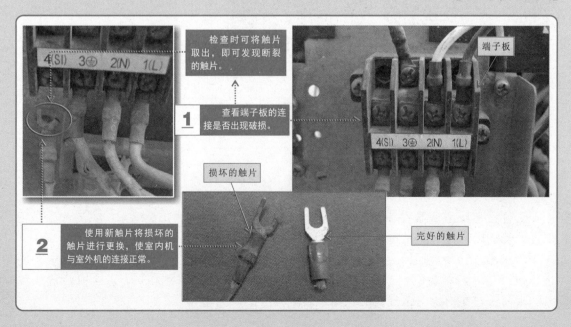

检查时可将触片取出,即可发现断裂的触片。

1 查看端子板的连接是否出现破损。

端子板

损坏的触片

完好的触片

2 使用新触片将损坏的触片进行更换,使室内机与室外机的连接正常。

3. 桥式整流堆的检测

检测室内机与室外机的连接端子板正常时，应进一步对室外机电源电路的+300V电压进行检测。判断+300V直流电压是否正常时，可对桥式整流堆的输出电压进行检测。

【桥式整流堆的检测】

AC 220V 输入

R 560k 1/2W

C3 0.47μ 630V

L 10~33m

C1 0.1μ/630V

C2 0.1μ/630V

滤波器

黑表笔　　红表笔

滤波电容

桥式整流堆

3 正常情况下，万用表测得桥式整流堆输入的电压值为交流220V。

CN02

300V供电电压输出

CN07

1 将万用表的量程调整至"交流250V"电压挡。

2 将万用表的红、黑表笔分别搭在桥式整流堆的交流输入端。

4 将万用表的量程调整至"直流500V"电压挡。

5 将万用表的黑表笔搭在桥式整流堆的负极输出端。

6 将万用表的红表笔搭在桥式整流堆的正极输出端。

7 正常情况下，万用表测得桥式整流堆输出的电压值为直流300V。

负极输出端　　　　　　正极输出端

MODEL MF47-8
全保护·遥控器检测

若检测桥式整流堆的输入电压正常，而输出电压不正常，则表明桥式整流堆损坏，应以同型号进行更换；若桥式整流堆输出的电压值正常，而电源电路还是无任何低压输出，则需要对开关变压器进行检测。

图解空调器维修快速入门

4. 开关晶体管的检测

　　若桥式整流堆输出的电压值正常，而电源电路还是无低压输出，则需要对开关晶体管进行检修。

【开关晶体管的检测】

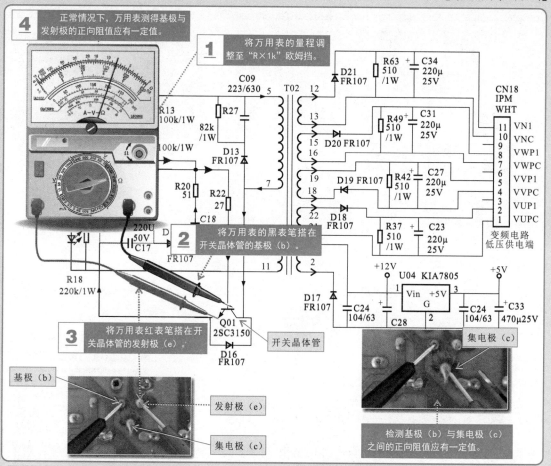

特别提醒

　　一般情况下，在对室外机电源电路中的开关晶体管进行检测时，可根据晶体管的自身结构进行判断。在检测开关晶体管之前，应先确定开关晶体管的类型，然后再进行检测，通常开关晶体管在开路检测情况下，若两两引脚间的阻值出现零欧姆阻值时，则表明开关晶体管可能损坏。

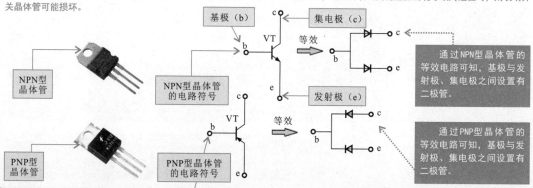

第11章 空调器控制电路的检修方法

11.1
空调器控制电路的结构和工作原理

11.1.1 空调器控制电路的结构

　　空调器中的控制电路主要是以微处理器为核心的自动检测与自动控制电路，用以对空调器中各部件的协调运行进行控制。

　　定频空调器的控制电路通常安装在空调器室内机中，位于空调器室内机一侧，通过电路板支架进行固定；变频空调器的控制电路部分通常分别安装在室内机和室外机的电路板中，并占有电路板中的大部分位置。

【典型空调器中的控制电路】

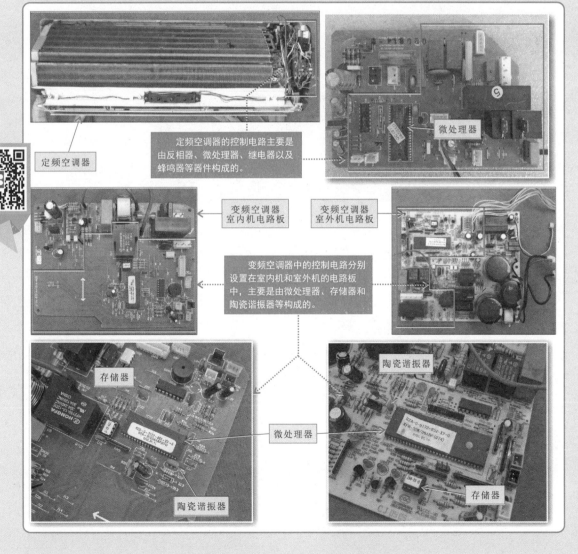

定频空调器

定频空调器的控制电路主要是由反相器、微处理器、继电器以及蜂鸣器等器件构成的。

微处理器

变频空调器室内机电路板

变频空调器室外机电路板

变频空调器中的控制电路分别设置在室内机和室外机的电路板中，主要是由微处理器、存储器和陶瓷谐振器等构成的。

存储器

陶瓷谐振器

微处理器

陶瓷谐振器

微处理器

存储器

根据结构的不同，变频空调器中的控制电路相对较为复杂一些，下面，就以变频空调器控制电路为例，进一步学习该电路的结构。

 1. 室内机控制电路的结构

　　室内机的控制电路主要是由微处理器、存储器、陶瓷谐振器、复位电路、继电器、反相器以及各种功能部件接口等器件构成的，不同类型的空调器其结构大致相同。

【典型空调器室内机控制电路的结构】

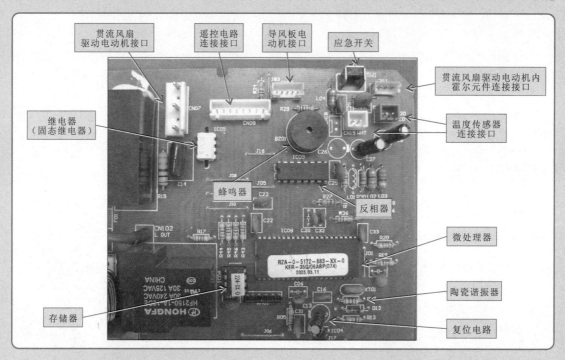

　　微处理器是控制电路中的核心器件，又称为CPU，内部集成有运算器和控制器，主要用来对人工指令信号和传感器检测信号进行识别处理，并转换为相应的控制信号，对变频空调器整机进行控制。

【微处理器的实物外形】

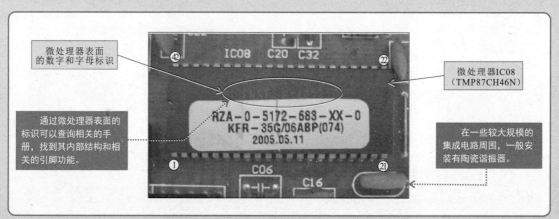

特别提醒

微处理器的最大特点是按照程序进行工作，并具有分析和判断的功能，它工作时需要不断地检测各部位的温度、电压和工作状态等信息，当遇到异常信息时，微处理器会中断正在运行的程序而转入自动停机保护状态。

根据前文可知，该空调器室内机控制电路中的微处理器型号为TMP87CH46N，通过查询集成电路手册得到其各引脚功能及内部结构框图，通过了解内部结构框图能够更清楚地掌握内部的处理过程，有助于对芯片中信号的输入、输出进行准确的分析。

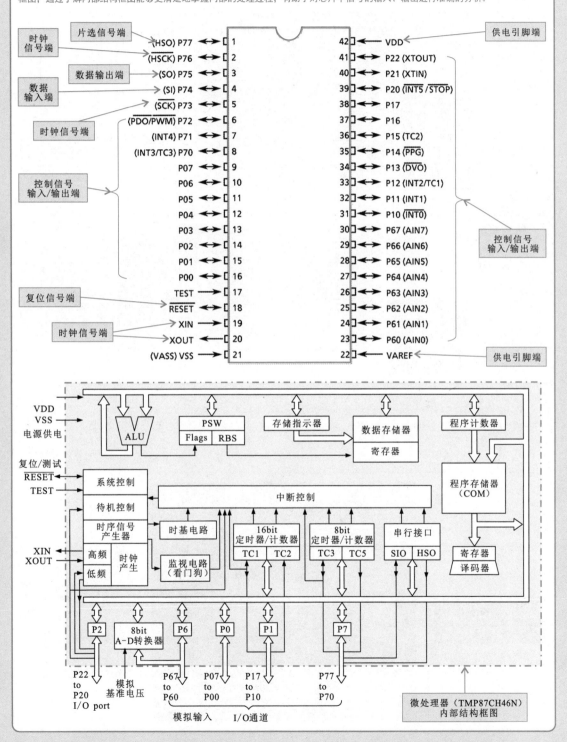

陶瓷谐振器是控制电路中外形特征十分明显的器件，通常位于微处理器附近，主要用来和微处理器内部的振荡电路构成时钟振荡器，产生时钟信号，使微处理器能够正常运行，以确保控制电路正常工作。

【陶瓷谐振器的实物外形】

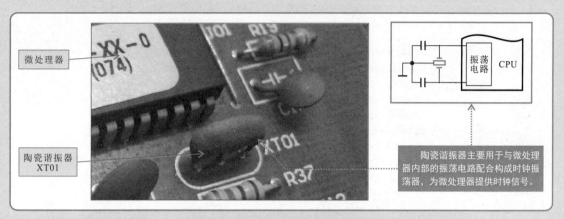

微处理器

陶瓷谐振器 XT01

陶瓷谐振器主要用于与微处理器内部的振荡电路配合构成时钟振荡器，为微处理器提供时钟信号。

特别提醒

　　陶瓷谐振器是一种采用陶瓷材料制作的谐振器，其功能及工作原理与晶体振荡器相同，只是制作材料不同，精度不同，晶体振荡器的精度和稳定性更好一些。

陶瓷谐振器一般为3只引脚，一只引脚接地，另外两只引脚与微处理器连接。

晶体振荡器一般为2只引脚，分别与微处理器连接。

陶瓷谐振器

晶体振荡器

　　控制电路中的存储器一般安装在微处理器附近，主要用来存储空调器的工作程序和数据信息，也可以用来存储调整后的工作状态、工作模式和温度设置等数据信息。

【存储器的实物外形】

微处理器

存储器

　　存储器位于微处理器附近，主要用来数据的调用及存储。

224-XX-0

　　这种存储器断电后其内部所存储的数据不会丢失，关机后再开机时设置的参数仍然保留，不必重新调整，给用户带来了方便，如果用户在使用过程中改变了某些设置，微处理器会自动将新设定的数据更新并存储在存储器中。

在控制电路中复位电路主要用来为微处理器提供复位信号，是微处理器初始工作不可缺少的电路之一。该电路通常是由一个复位信号产生集成电路和外围阻容元件构成。

【复位电路的实物外形】

阻容元件

复位信号产生集成电路

复位电路用于为微处理器提供复位信号，使微处理器进行初始化，从头开始运行。

复位电路

特别提醒

复位电路是为微处理器提供清零信号的电路，它通过对电源供电电压的监测产生一个复位信号。控制电路开始工作时，电源输出+5V电压为微处理器（CPU）供电，+5V的建立有一个由0到5V的上升过程，如果在上升过程中CPU开始工作，会因电压不足导致程序紊乱。复位电路实际上是一个延迟供电电路，当电源电压由0上升到4.3V以上时，才输出复位信号，此时CPU才开始启动程序进入工作状态。

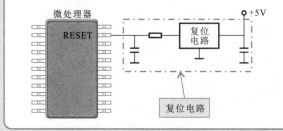

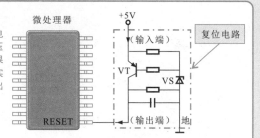

由上图可知，+5V电源加到复位电路的输入端，当输入端的电压由0上升到4.3V以前，其内部的晶体管VT基极为反向偏置状态而截止。当输入端电压超过4.3V时，稳压管VS击穿，晶体管VT导通，输出端有电压输出，该信号为复位信号。

反相器是一种集成的反相放大器，用于将微处理器输出的控制信号进行反相放大，可作为微处理器的接口电路对控制电路中继电器、蜂鸣器和电动机等器件的控制。

【反相器的实物外形】

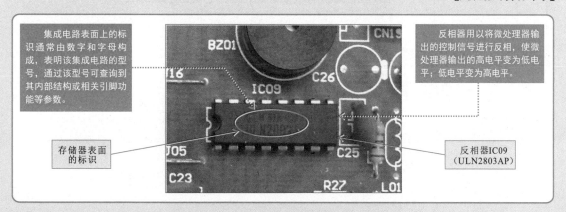

集成电路表面上的标识通常由数字和字母构成，表明该集成电路的型号，通过该型号可查询到其内部结构或相关引脚功能等参数。

存储器表面的标识

反相器用以将微处理器输出的控制信号进行反相，使微处理器输出的高电平变为低电平；低电平变为高电平。

反相器IC09（ULN2803AP）

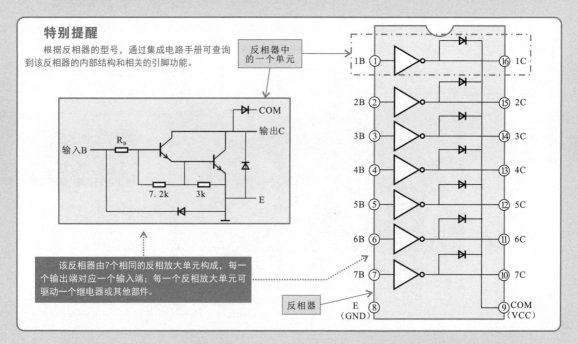

特别提醒

根据反相器的型号，通过集成电路手册可查询到该反相器的内部结构和相关的引脚功能。

反相器中的一个单元

输入B R_B COM 输出C E

7.2k 3k

该反相器由7个相同的反相放大单元构成，每一个输出端对应一个输入端；每一个反相放大单元可驱动一个继电器或其他部件。

反相器

1B ① ⑯ 1C
2B ② ⑮ 2C
3B ③ ⑭ 3C
4B ④ ⑬ 4C
5B ⑤ ⑫ 5C
6B ⑥ ⑪ 6C
7B ⑦ ⑩ 7C
E ⑧ ⑨ COM
(GND) (VCC)

在空调器室内机中，控制电路的微处理器对空调器内的贯流风扇电动机的控制是通过继电器实现的，该继电器为固态继电器（TLP3616），实际上是一种光控晶闸管。

【继电器的实物外形】

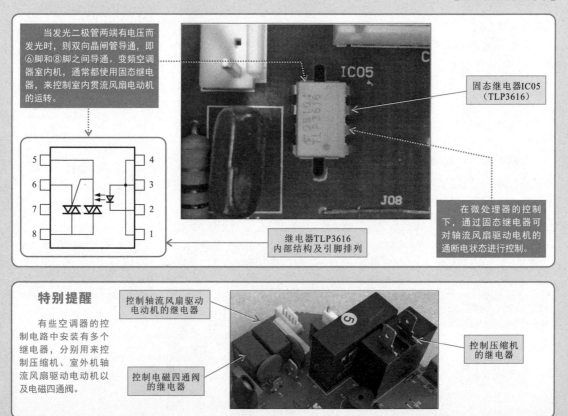

当发光二极管两端有电压而发光时，则双向晶闸管导通，即⑥脚和⑧脚之间导通。变频空调器室内机，通常都使用固态继电器，来控制室内贯流风扇电动机的运转。

固态继电器IC05（TLP3616）

继电器TLP3616内部结构及引脚排列

在微处理器的控制下，通过固态继电器可对轴流风扇驱动电机的通断电状态进行控制。

特别提醒

有些空调器的控制电路中安装有多个继电器，分别用来控制压缩机、室外机轴流风扇驱动电动机以及电磁四通阀。

控制轴流风扇驱动电动机的继电器

控制电磁四通阀的继电器

控制压缩机的继电器

温度传感器是指对温度进行感应，并将感应到的温度变化情况转换为电信号的功能部件。在室内机中，通常设有两个温度传感器，即室内环境温度传感器和室内管路温度传感器。

【温度传感器的实物外形】

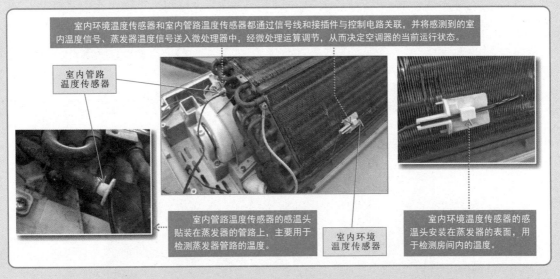

室内环境温度传感器和室内管路温度传感器都通过信号线和接插件与控制电路关联，并将感测到的室内温度信号、蒸发器温度信号送入微处理器中，经微处理运算调节，从而决定空调器的当前运行状态。

室内管路温度传感器

室内管路温度传感器的感温头贴装在蒸发器的管路上，主要用于检测蒸发器管路的温度。

室内环境温度传感器

室内环境温度传感器的感温头安装在蒸发器的表面，用于检测房间内的温度。

室内机控制电路作为空调器的控制核心，接收和输出各种控制指令。其中，输入的人工指令信号和传感器检测信号通过相应的接口送到该电路中；输出的控制信号和通信信号也由该电路通过各种接口输出，因此各种接口也是控制电路中的重要组成部分。

【各种接口和驱动电路的实物外形】

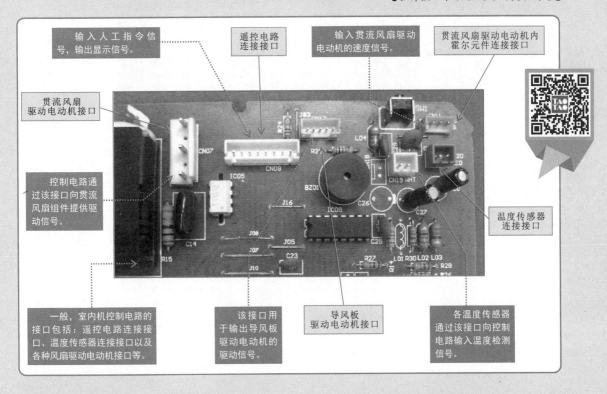

输入人工指令信号，输出显示信号。

遥控电路连接接口

输入贯流风扇驱动电动机的速度信号。

贯流风扇驱动电动机内霍尔元件连接接口

贯流风扇驱动电动机接口

控制电路通过该接口向贯流风扇组件提供驱动信号。

温度传感器连接接口

一般，室内机控制电路的接口包括：遥控电路连接接口、温度传感器连接接口以及各种风扇驱动电动机接口等。

该接口用于输出导风板驱动电动机的驱动信号。

导风板驱动电动机接口

各温度传感器通过该接口向控制电路输入温度检测信号。

2. 室外机控制电路的结构

　　在变频空调器中，室外机的控制电路由室内机进行控制，接收到由室内机传输的控制信号后，对室外机的各个部分进行控制，两者结构大致相同，主要是由微处理器、存储器、陶瓷谐振器、复位电路、接口电路、传感器和继电器等构成的。

【典型空调器室外机控制电路的结构】

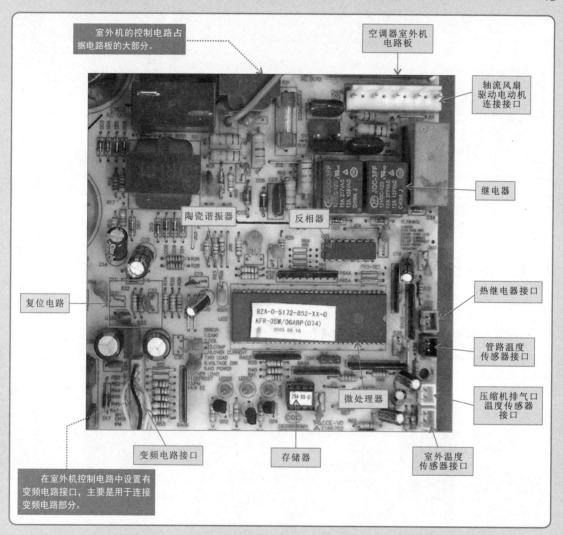

室外机的控制电路占据电路板的大部分。

空调器室外机电路板

轴流风扇驱动电动机连接接口

继电器

陶瓷谐振器

反相器

热继电器接口

复位电路

管路温度传感器接口

微处理器

压缩机排气口温度传感器接口

变频电路接口

存储器

室外温度传感器接口

在室外机控制电路中设置有变频电路接口，主要是用于连接变频电路部分。

特别提醒

室外机控制电路的结构与室内机控制电路的结构相似，各组成部件的功能也十分相近。

● 室外机控制电路的微处理器接收由室内机微处理器送来的控制信号，然后对室外机的各级电路进行控制。

● 陶瓷谐振器用来为微处理器提供时钟振荡信号。

● 复位电路主要用来在开机时为微处理器提供复位信号。

● 存储器用于存储室外机系统运行的一些状态参数，例如，变频压缩机的运行曲线数据和变频电路的工作数据等。

● 各连接接口用于连接各电气部件，其中主要包括：室外机风扇驱动电动机（轴流风扇驱动电动机）连接接口、过热保护器接口和温度传感器接口等，在室外机控制电路中没有设置遥控电路连接接口。

11.1.2　空调器控制电路的工作原理

空调器控制电路主要用于控制整机的协调运行，在变频空调器的室内机与室外机中都设有独立的控制电路，两个电路之间由电源线和信号线连接，完成供电和相互交换信息（室内机、室外机的通信），控制室内机和室外机各部件协调工作。

【典型变频空调器控制电路的工作原理】

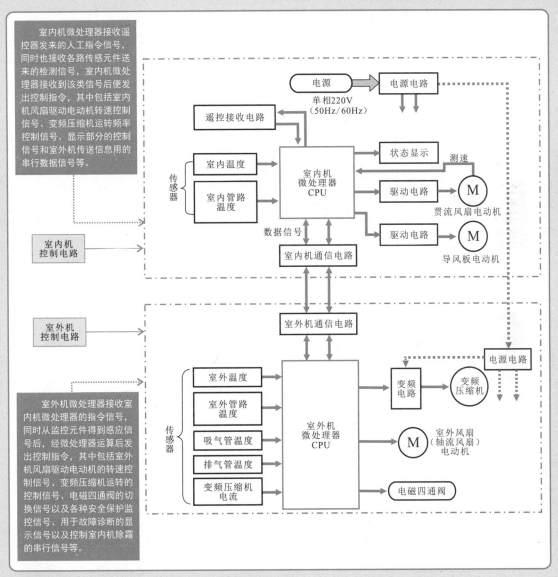

 1. 室内机控制电路的工作原理

下面，以海信KFR-35GW/06ABP型变频空调器为例，对室内机控制电路的工作原理进行分析。

【典型变频空调器室内机控制电路的工作原理】

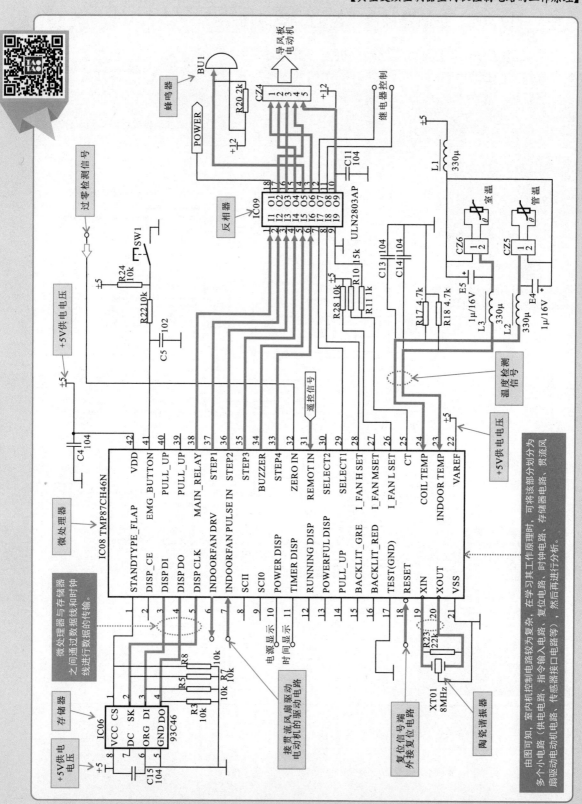

特别提醒

室内机控制电路中，供电电路和指令输入电路的工作过程如下：

空调器开机后，由电源电路送来的+5V直流电压，为空调器室内机控制电路部分的微处理器IC08以及存储器IC06提供工作电压，其中微处理器IC08的22脚和42脚为+5V供电端，存储器IC06的⑧脚为+5V供电端。

接在微处理器㉛脚外部的遥控接收电路，接收用户通过遥控器发射器发来的控制信号。该信号作为微处理器工作的依据。此外㊶脚外接应急开关，也可以直接接收用户强行起动的开关信号。微处理器接收到这些信号后，根据内部程序输出各种控制指令。

开机时微处理器的电源供电电压由0上升到+5V，此过程中起动程序有可能出现错误，因此需要在电源供电电压稳定之后再起动程序，该任务则是由控制电路中的复位电路来实现的。

【控制电路中的复位电路】

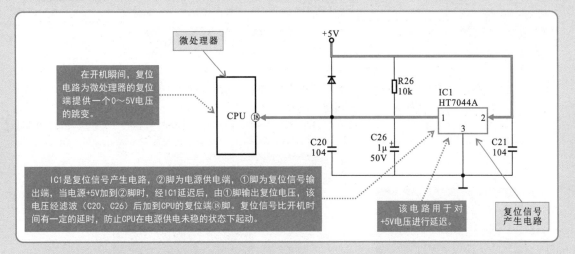

室内机控制电路中微处理器IC08的⑲脚和⑳脚与陶瓷谐振器XT01相连，该陶瓷谐振器用来产生8MHz的时钟晶振信号，作为微处理器IC08的工作条件之一。在微处理器内部设有时钟振荡电路，与引脚外部的陶瓷谐振器构成时钟电路，为整个电路提供同步时钟信号。

【控制电路中的时钟电路】

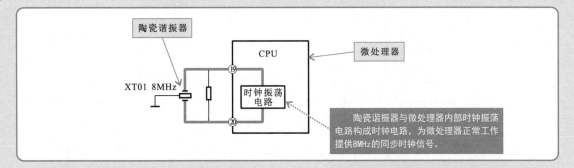

微处理器IC08的①脚、③脚、④脚和⑤脚与存储器IC06的①脚、②脚、③脚和④脚相连，分别为片选信号（CS）、数据输入信号（DI）、数据输出信号（DO）和时钟信号（CLK）。工作时微处理器将用户设定的工作模式、温度、制冷和制热等数据信息存入存储器中。信息的存入和取出是经过串行数据总线SDA和串行时钟总线SCL进行的。

【控制电路中的存储器电路】

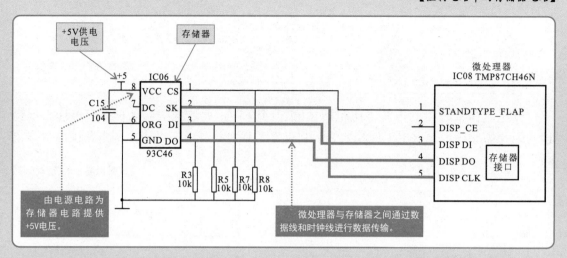

控制电路中的贯流风扇驱动电路主要是为贯流风扇驱动电动机提供驱动信号，使电动机可以正常运行，具体的工作原理如下。

【控制电路中的贯流风扇驱动电路】

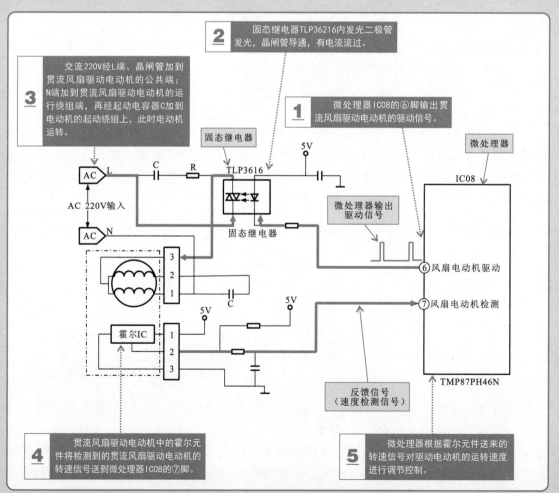

控制电路中导风板电动机驱动电路，主要是为导风板驱动电动机提供驱动信号，使其可以正常工作。

【控制电路中的导风板驱动电路】

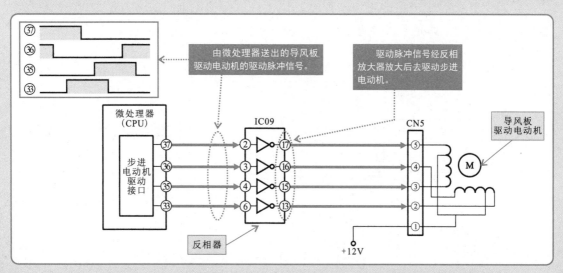

控制电路中的传感器驱动电路，主要是用来处理由传感器送来的相关信号，并送往微处理器中进行处理，再由控制器输出相应的控制指令。

【控制电路中的传感器驱动电路】

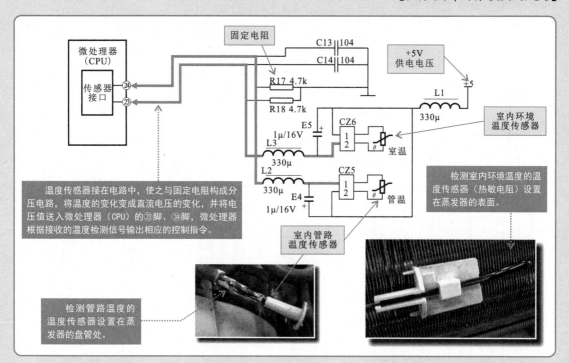

特别提醒

当空调器处于制冷模式时，室内环境温度传感器检测到室内温度降低，其自身阻值升高，使输出电压降低，从而送入微处理器中的电压值也降低。微处理器根据对温度信号的识别和分析，然后对压缩机等部分进行控制，从而达到制冷的目的。

2.室外机控制电路的工作原理

　　学习室外机控制电路的工作原理时，也可以以海信KFR-35GW/06ABP型变频空调器为例，该控制电路是以微处理器U02 （TMP88PS49N）为核心的自动控制电路。

【典型变频空调器室外机控制电路的工作原理】

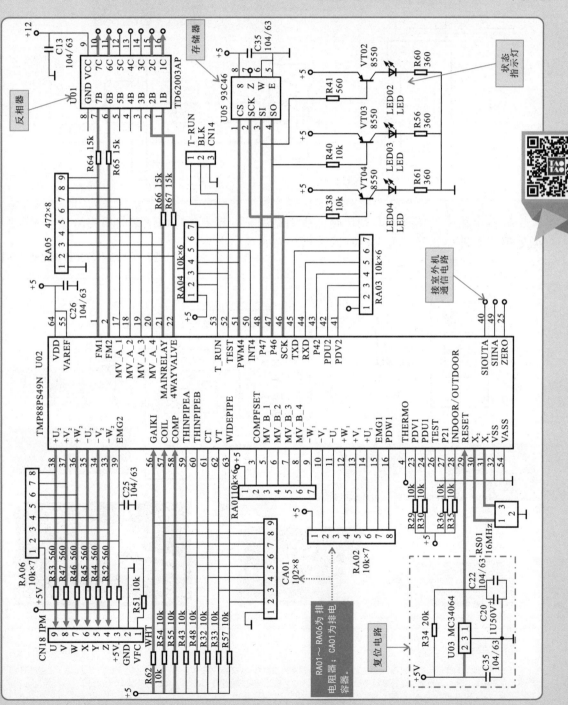

特别提醒

在室外机控制电路中，同样是由多个不同功能的小电路构成，如供电电路、复位和时钟电路、存储器电路、轴流风扇驱动电动机电路、电磁四通阀控制电路、传感器接口电路以及变频器接口电路等部分。

其中空调器开机后，由室外机电源电路送来的+5V直流电压，为室外机控制电路部分的微处理器U02以及存储器U05提供工作电压，其中微处理器U02（TMP88PS49N）的㉟脚和㉠脚为+5V供电端，存储器U05（93C46）的⑧脚为+5V供电端。

室外机控制电路上电后，由复位电路U03（MC34064）为微处理器提供复位信号，微处理器开始运行工作；同时，陶瓷谐振器RS01（16MHz）与微处理器内部振荡电路构成时钟电路，为微处理器提供时钟信号。

存储器U05（93C46）用于存储室外机系统运行的一些状态参数，例如，变频压缩机的运行曲线数据和变频电路的工作数据等；存储器在其②脚的作用下，通过④脚将数据输出，③脚输入运行数据，室外机的运行状态通过状态指示灯显示。

控制电路中轴流风扇驱动电动机电路主要是通过微处理器的控制，对轴流风扇驱动电动机的运行状态进行控制，从而实现驱动电动机转动速度的调整。

【控制电路中轴流风扇驱动电动机电路】

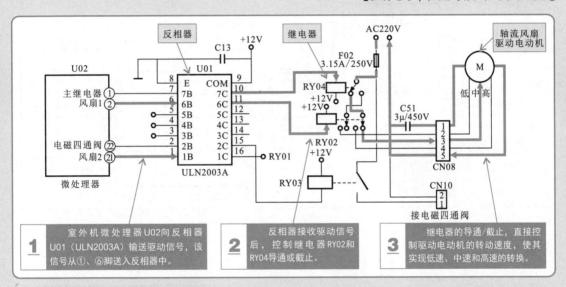

1 室外机微处理器U02向反相器U01（ULN2003A）输送驱动信号，该信号从①、⑥脚送入反相器中。

2 反相器接收驱动信号后，控制继电器RY02和RY04导通或截止。

3 继电器的导通/截止，直接控制驱动电动机的转动速度，使其实现低速、中速和高速的转换。

控制电路中电磁四通阀控制电路主要是通过微处理器的控制，对电磁四通阀的工作状态进行控制，从而实现空调器制冷、制热的切换。

【控制电路中电磁四通阀控制电路】

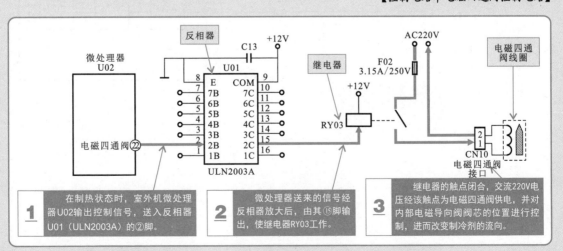

1 在制热状态时，室外机微处理器U02输出控制信号，送入反相器U01（ULN2003A）的②脚。

2 微处理器送来的信号经反相器放大后，由其⑮脚输出，使继电器RY03工作。

3 继电器的触点闭合，交流220V电压经该触点为电磁四通阀供电，并对内部电磁导向阀阀芯的位置进行控制，进而改变制冷剂的流向。

控制电路中传感器接口电路主要是处理由各种传感器送来的控制信号，并根据该信号输出相应的控制信号。

【控制电路中传感器接口电路】

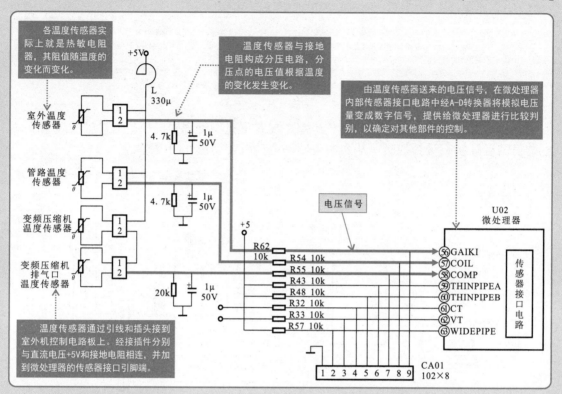

特别提醒

在室外机中设有一些温度传感器为室外微处理器提供工作状态信息，通常这些传感器包括室外温度传感器、管路温度传感器以及变频压缩机吸气口、排气口温度传感器等，都是为室外机微处理器提供参考信息。这些传感器将温度的变化信号通过电路转换成电压变化信号，并送往微处理器中进行处理。

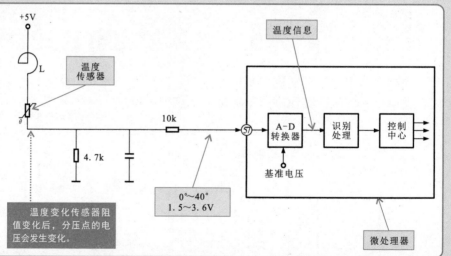

特别提醒

除了以上的各种电路外，在控制电路中还有变频接口电路，主要是通过该电路对变频电路进行控制；而通信电路则主要是完成室内机控制电路与室外机控制电路之间数据的传输。

室外机控制电路中微处理器的工作必须与室内机控制电路协调一致，实际上也是受室内机微处理器的控制，室内机微处理器通过线路将控制指令传送给室外机微处理器，室外机微处理器将工作状态再通过线路反馈给室内机微处理器。

11.2
空调器控制电路的检修

第11章

控制电路中任何部件不正常都会使控制电路出现故障，进而引起空调器出现无法起动、制冷或制热异常、控制失灵、操作或显示不正常等现象。对该电路进行检修时，应首先采用观察法检查控制电路的主要元器件有无明显损坏或元器件脱焊、插口不良等现象，如出现上述情况则应立即更换或检修损坏的元器件，若从表面无法观测到故障点，则需根据控制电路的信号流程以及故障特点对可能引起故障的工作条件或主要部件逐一排查。

【空调器控制电路的检修分析】

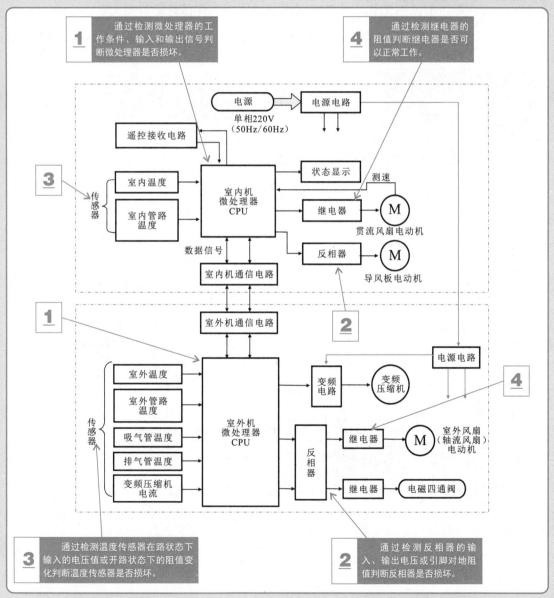

11.2.1 微处理器的检测

微处理器是变频空调器中的核心部件，若该部件损坏将直接导致变频空调器发生不工作或控制功能失常等故障。

一般对微处理器的检测包括三个方面，即检测输出信号、工作条件和输入信号。

1. 微处理器输出信号的检测

当怀疑空调器控制电路微处理器出现故障时，应首先对微处理器输出的控制信号进行检测，若输出的控制信号正常，表明微处理器工作正常；若输出的控制信号不正常，则表明微处理器没有正常工作，此时应对微处理器的工作条件进行检测。

【微处理器输出信号的检测】

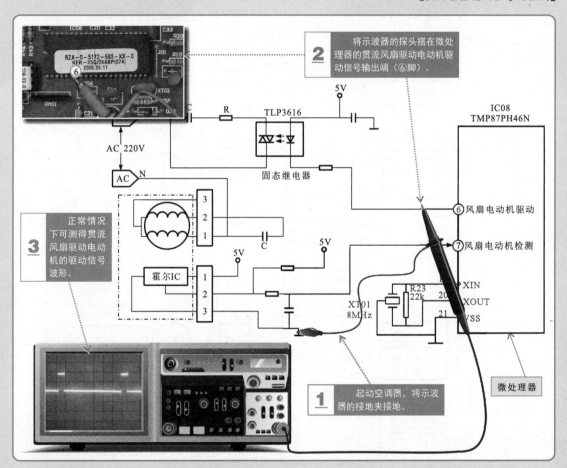

特别提醒

变频空调器中室外机微处理器与室内机微处理器的控制对象不同，因此所输出的控制信号也有所区别。室外机微处理器输出的控制信号主要包括轴流风扇电动机驱动信号和电磁四通阀控制信号，因此在检测室外机微处理器输出的控制信号是否正常时，可检测相对应的电压值是否正常。

【微处理器输出信号的检测（续）】

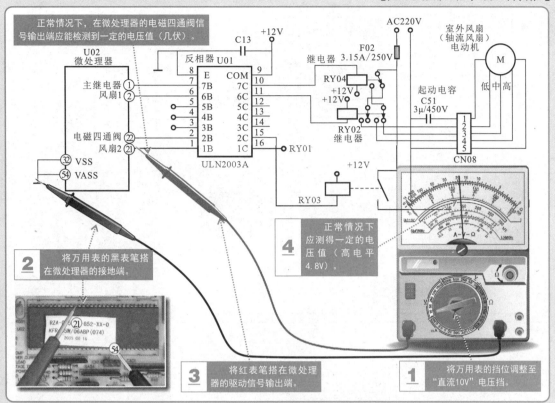

正常情况下，在微处理器的电磁四通阀信号输出端应能检测到一定的电压值（几伏）。

2 将万用表的黑表笔搭在微处理器的接地端。

3 将红表笔搭在微处理器的驱动信号输出端。

4 正常情况下应测得一定的电压值（高电平4.8V）。

1 将万用表的挡位调整至"直流10V"电压挡。

2. 微处理器工作条件的检测

微处理器正常工作需要满足一定的工作条件，其中包括直流供电电压、复位信号、时钟信号和存储器等。若经上述检测微处理器无控制信号输出时，可分别对微处理器这些工作条件进行检测，以判断微处理器的工作条件是否满足需求。

【微处理器工作条件的检测】

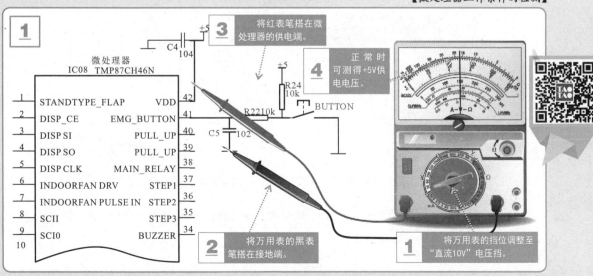

3 将红表笔搭在微处理器的供电端。

4 正常时可测得+5V供电电压。

2 将万用表的黑表笔搭在接地端。

1 将万用表的挡位调整至"直流10V"电压挡。

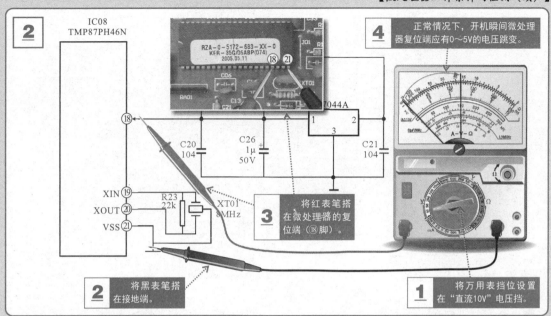

2 IC08 TMP87PH46N

RZA-0-5172-583-XX-0
KFR-35G/05ABP(074)
2005.05.11

4 正常情况下，开机瞬间微处理器复位端应有0～5V的电压跳变。

C20 104　C26 1μ 50V　C21 104

XIN ⑲　R23 22k　XT01 8MHz
XOUT ⑳
VSS ㉑

3 将红表笔搭在微处理器的复位端（⑱脚）。

2 将黑表笔搭在接地端。

1 将万用表挡位设置在"直流10V"电压挡。

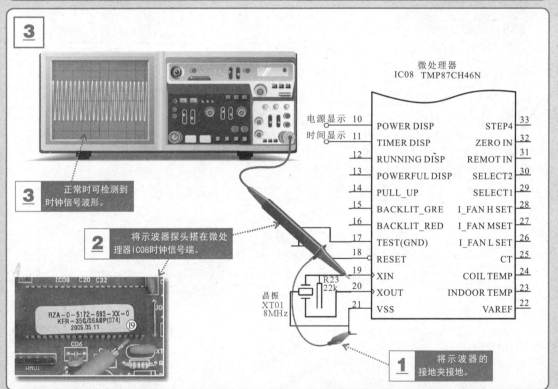

3

3 正常时可检测到时钟信号波形。

2 将示波器探头搭在微处理器IC08时钟信号端。

IC08 C20 C32

RZA-0-5172-583-XX-0
KFR-35G/06ABP(074)
2005.05.11 ⑲

微处理器
IC08　TMP87CH46N

电源显示	10	POWER DISP	STEP4	33
时间显示	11	TIMER DISP	ZERO IN	32
	12	RUNNING DISP	REMOT IN	31
	13	POWERFUL DISP	SELECT2	30
	14	PULL_UP	SELECT1	29
	15	BACKLIT_GRE	I_FAN H SET	28
	16	BACKLIT_RED	I_FAN MSET	27
	17	TEST(GND)	I_FAN L SET	26
	18	RESET	CT	25
	19	XIN	COIL TEMP	24
	20	XOUT	INDOOR TEMP	23
	21	VSS	VAREF	22

晶振 XT01 8MHz　R23 22k

1 将示波器的接地夹接地。

特别提醒

若使用示波器检测时钟信号异常，可能是陶瓷谐振器损坏，也可能是微处理器内部振荡电路部分损坏，可进一步使用万用表检测陶瓷谐振器引脚阻值的方法判断其好坏。

将万用表挡位调整至"R×1k"欧姆挡，然后将红、黑表笔分别搭在陶瓷谐振器的两个与微处理器连接的引脚端，正常情况下，陶瓷谐振器两端之间的电阻应为无穷大。

【微处理器工作条件的检测（续）】

4

1 使用万用表检测存储器的供电电压，正常情况下应有+5V的供电电压。

3 将示波器探头搭在微处理器IC08或存储器的数据信号端（③脚或④脚）。

RZA-0-5172-683-XX-0
KFR-35G/06ABP(074)
2005.05.11

③④

微处理器
IC08 TMP87CH46N

2 起动空调器，将示波器的接地夹接地。

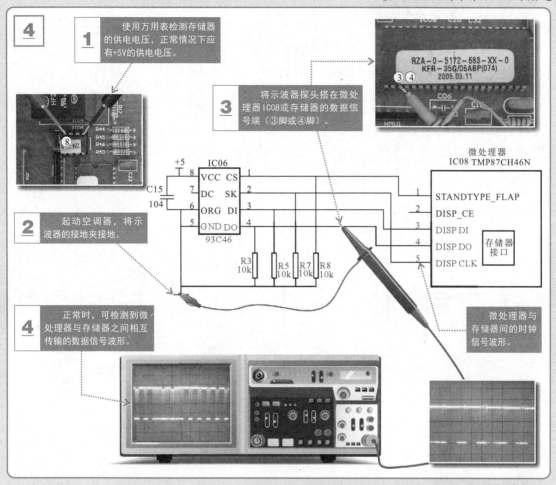

4 正常时，可检测到微处理器与存储器之间相互传输的数据信号波形。

微处理器与存储器间的时钟信号波形。

特别提醒

检测电路中器件的电阻值时，应先将电路的电源断开。

正常情况下，存储器引脚对地有一定的阻值。

MODEL MF47-B
全保护·遥控器检测

将万用表的黑表笔搭在接地端，红表笔依次搭在存储器的各引脚上，检测存储器各引脚间的正向对地阻值；然后再对换两表笔后，使黑表笔依次搭在各引脚上，检测各引脚的反向对地阻值。

存储器除了上述检测方法外，也可以在断电状态下，检测存储器的正反向对地阻值以判断存储器的好坏，若实测的阻值与标准值差异过大，则可能是存储器本身损坏。

正常情况下，存储器各引脚的正向和反向对地阻值可见下表所列。

引脚	正向对地阻值（kΩ）	反向对地阻值（kΩ）	引脚	正向对地阻值（kΩ）	反向对地阻值（kΩ）
①	5	8	⑤	0	0
②	5	8	⑥	0	0
③	5	8	⑦	∞	∞
④	4.5	7.5	⑧	2	2

3. 微处理器输入信号的检测

　　微处理器正常工作需要向微处理器输入相应的控制信号，其中包括遥控信号和温度检测信号。若经上述检测微处理器的工作条件能够满足，而微处理器输出异常时，可分别对微处理器输入的控制信号进行检测。

　　若微处理器输入信号正常，且工作条件也正常，而无任何输出，则说明微处理器本身损坏，需要进行更换；若输入控制信号正常，而某一项控制功能失常，即某一路控制信号输出异常，则多为微处理器相关引脚外围元器件（如继电器、反相器等）失常。

【微处理器输入信号的检测】

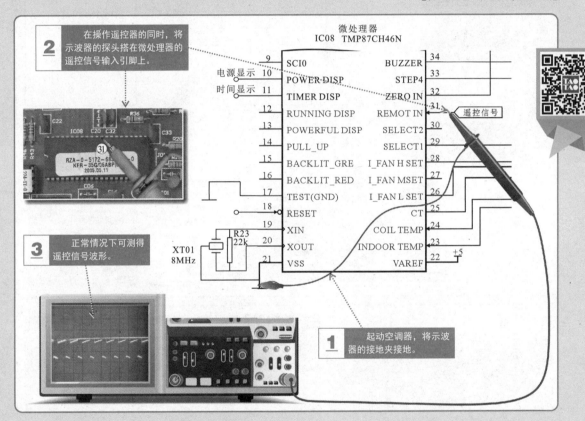

> **2** 在操作遥控器的同时，将示波器的探头搭在微处理器的遥控信号输入引脚上。
>
> **3** 正常情况下可测得遥控信号波形。
>
> **1** 起动空调器，将示波器的接地夹接地。

微处理器
IC08　TMP87CH46N

9	SCI0	BUZZER	34
电源显示 10	POWER DISP	STEP4	33
时间显示 11	TIMER DISP	ZERO IN	32
12	RUNNING DISP	REMOT IN	31
13	POWERFUL DISP	SELECT2	30
14	PULL_UP	SELECT1	29
15	BACKLIT_GRE	I_FAN H SET	28
16	BACKLIT_RED	I_FAN MSET	27
17	TEST(GND)	I_FAN L SET	26
18	RESET	CT	25
19	XIN	COIL TEMP	24
20	XOUT	INDOOR TEMP	23
21	VSS	VAREF	22

遥控信号

R23 22k

XT01 8MHz

+5

特别提醒

　　温度传感器也是变频空调器控制电路中的重要器件，用于为其提供正常的环境温度和管路温度信号，若该传感器失常，则可能导致空调器自动控温功能失常、显示故障代码等情况。

特别提醒

　　在检测控制电路微处理器本身的性能时，除检测输出信号、工作条件以及输入信号外，还可以使用万用表检测微处理器各引脚间的正反向阻值来判断微处理器是否正常。

　　检测微处理器各引脚的正向对地阻值时，应将黑表笔搭在微处理器的接地端，红表笔依次搭在其他引脚上；检测反向对地阻值时，应将红表笔搭在微处理器接地端，黑表笔依次搭在其他引脚上。

　　不同型号的微处理器各引脚的阻值也有所不同，可通过对比法：使用同型号性能良好的微处理器的数据与被测微处理器的检测数据进行对照，若数据偏差较大，则表明被测微处理器可能存在故障。

11.2.2　反相器的检测

反相器是变频空调器中各种功能部件的驱动电路部分，若该器件损坏将直接导致变频空调器相关的功能部件失常，如常见的室内与室外风扇电动机不运行、电磁四通阀不换向引起的变频空调器不制热等。

判断反相器是否损坏时，可使用万用表对其各引脚的对地阻值进行检测与判断。若检测出的阻值与正常值偏差较大，则说明反相器已损坏。

【反相器的检测】

将万用表的红、黑表笔分别搭在反相器的各引脚上，测其正反向阻值。

红表笔　　　　黑表笔

使用万用表检测反相器各引脚的正反向阻值。

正常情况下，万用表测得一个固定的阻值。

特别提醒

空调器室内机和室外机控制电路中反相器的检测方法相同，下表所列为室外机反相器ULN2003各引脚的正反向对地值。

引脚	对地阻值 / Ω	引脚	对地阻值 / Ω	引脚	对地阻值 / Ω	引脚	对地阻值 / Ω
①	500	⑤	500	⑨	400	⑬	500
②	650	⑥	500	⑩	500	⑭	500
③	650	⑦	500	⑪	500	⑮	500
④	650	⑧	接地	⑫	500	⑯	500

11.2.3　温度传感器的检测

空调器中，温度传感器是不可缺少的控制器件，如果温度传感器损坏或异常，通常会引起变频空调器不工作或室外机不运行等故障，因此掌握温度传感器的检修方法是十分必要的。检测温度传感器通常有两种方法；一种是在路检测温度传感器供电端信号和输出电压（送入微处理器的电压）；一种是开路状态，检测不同温度下的电阻值。

1. 在路检测温度传感器的相关电压值

下面分别对温度传感器的供电电压以及送入微处理器的电压信号进行检测，从而判断电压值是否正常。

【温度传感器在路的检测】

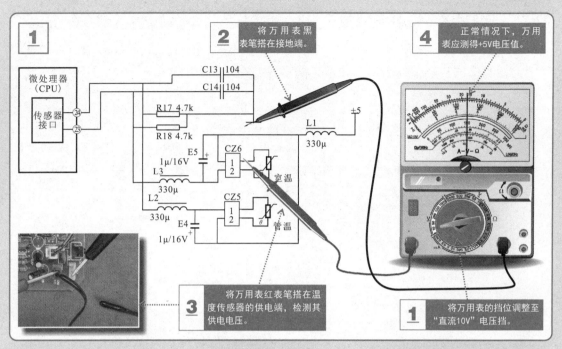

1

微处理器（CPU）
传感器接口

2 将万用表黑表笔搭在接地端。

4 正常情况下，万用表应测得+5V电压值。

3 将万用表红表笔搭在温度传感器的供电端，检测其供电电压。

1 将万用表的挡位调整至"直流10V"电压挡。

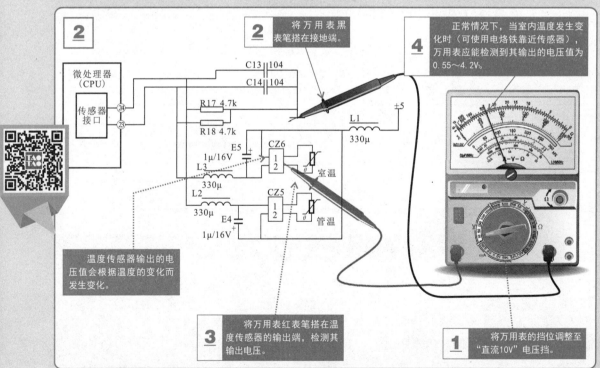

2

微处理器（CPU）
传感器接口

2 将万用表黑表笔搭在接地端。

4 正常情况下，当室内温度发生变化时（可使用电烙铁靠近传感器），万用表应能检测到其输出的电压值为0.55～4.2V。

温度传感器输出的电压值会根据温度的变化而发生变化。

3 将万用表红表笔搭在温度传感器的输出端，检测其输出电压。

1 将万用表的挡位调整至"直流10V"电压挡。

特别提醒

若温度传感器的供电电压正常时，检测插座处的电压为0V，则多为外接传感器损坏，应对其进行更换。

一般来说，若微处理器的传感器信号输入引脚处电压高于4.2V或低于0.55V都可以判断为温度传感器损坏。

2.开路检测温度传感器的相关电阻值

开路检测温度传感器是指将温度传感器与电路分离，在不加电的情况下，根据不同温度状态时检测温度传感器的阻值变化情况来判断温度传感器的好坏。

【温度传感器的检测】

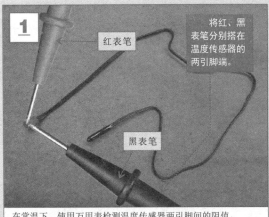

将红、黑表笔分别搭在温度传感器的两引脚端。

红表笔

黑表笔

在常温下，使用万用表检测温度传感器两引脚间的阻值。

正常情况下，万用表测得阻值约为6.5kΩ。

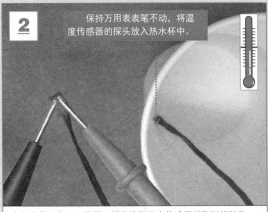

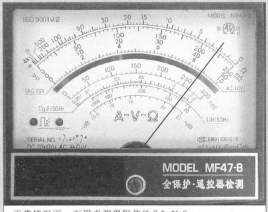

保持万用表表笔不动，将温度传感器的探头放入热水杯中。

在热水的温度下，使用万用表检测温度传感器引脚间的阻值。

正常情况下，万用表测得阻值约为2.2kΩ。

保持万用表表笔不动，将温度传感器的探头放入凉水杯中。

在凉水的温度下，使用万用表检测温度传感器引脚间的阻值。

正常情况下，万用表测得阻值约为12.5kΩ。

11.2.4 继电器的检测

在变频空调器中，继电器的通断状态决定着被控部件与电源的通断状态，若继电器功能失常或损坏，将直接导致空调器某些功能部件不工作或某些功能失常的情况，因此，变频空调器检测中，对继电器的检测也是十分关键的环节。

【继电器的检测】

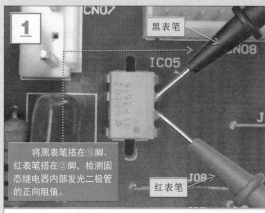

1 将黑表笔搭在③脚，红表笔搭在②脚，检测固态继电器内部发光二极管的正向阻值。

使用万用表检测固态继电器内部发光二极管的正反向阻值。

正常情况下，万用表测得阻值约为6kΩ。

特别提醒

检测固态继电器时，可根据其内部的结构，分别对发光二极管以及光控晶闸管的正反向阻值进行检测。以TLP3616继电器为例，实测其内部发光二极管的正向阻值为6kΩ；反向阻值为9kΩ；光控晶闸管的正反向阻值均为无穷大。

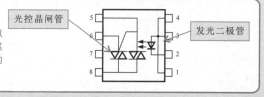

2 将黑表笔搭在⑧脚，红表笔搭在⑥脚，检测固态继电器内部光控晶闸管的阻值。

使用万用表检测继电器内部光控晶闸管的阻值。

正常情况下，万用表测得阻值为无穷大。

特别提醒

正常情况下测得继电器（TLP3616）的③脚和②脚的正向阻值为6kΩ，反向阻抗为9kΩ；而⑥脚和⑧脚之间的正反向阻值均为无穷大。若检测出的阻值与正常值偏差较大，则说明继电器（TLP3616）损坏，需要对其进行更换。

在控制电路中，若检测电磁继电器时，在继电器之前，要先通过电路图和电路板背部印制导线来查找继电器的引脚，然后再对线圈、引脚间的阻值进行检测，通常线圈应有一定的阻值；触点断开时阻值为无穷大，当触点动作（闭合）时阻值为零欧姆。

第12章 空调器遥控电路的检修方法

12.1
空调器遥控电路的结构和工作原理

变频空调器的遥控电路主要是用于为变频空调器输入人工指令，接收电路收到指令后送往控制电路的微处理器中，同时由接收电路中的显示部件显示变频空调器的当前工作状态。

12.1.1 空调器遥控电路的结构

变频空调器的遥控电路主要是由遥控发射电路（即遥控器）及遥控接收电路两部分构成的。其中遥控发射电路是一个发送遥控指令的独立电路单元，用户通过遥控器将人工指令信号以红外光的形式发送给变频空调器的接收电路；遥控接收电路将接收的红外光信号转换成电信号，并进行放大，经滤波和整形处理后变成控制脉冲，送给室内机的微处理器。

【变频空调器的遥控电路】

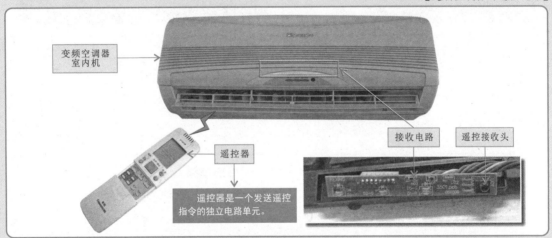

变频空调器室内机

遥控器

遥控器是一个发送遥控指令的独立电路单元。

接收电路　遥控接收头

特别提醒

不同品牌和型号的空调器中，遥控接收电路的功能相同，基本结构也比较相似，不同的是遥控接收头的外形和型号可能有所区别。

遥控接收头

光敏二极管是遥控接收头的主体部分，接收红外光。

光敏二极管

1. 遥控器的结构

变频空调器的遥控器是一种便携式红外光指令发射器。用户在使用时，通过遥控发射器将人工指令信号以红外光的形式发送给变频空调器的遥控电路，来控制变频空调器的工作。

【遥控器的实物外形】

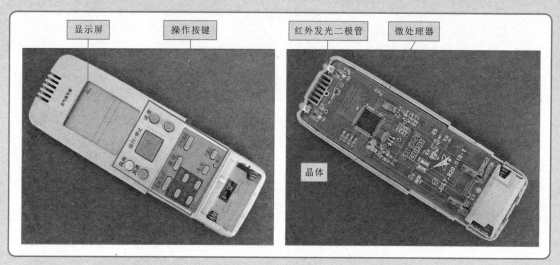

| 显示屏 | 操作按键 | | 红外发光二极管 | 微处理器 |

晶体

遥控器主要是由操作按键、显示屏、调制编码控制微处理器以及红外发光二极管等构成的。

操作按键主要用来输入人工指令，为遥控发射电路微处理器提供人工指令信号，通过不同的功能按键来发送不同的指令信号。

【操作按键】

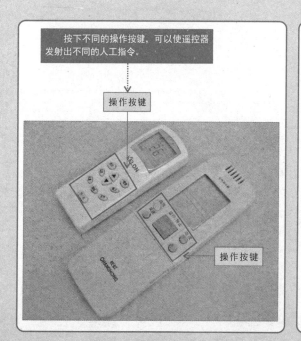

按下不同的操作按键，可以使遥控器发射出不同的人工指令。

操作按键

操作按键

特别提醒

不同品牌、不同型号的变频空调器的操作按键也各有特点，有的遥控器设有外部操作按键和隐藏的内部操作按键，其中，外部操作按键位于遥控发射器的外表面，内部操作按键需将遥控发射器的滑盖打开后，方可看到，用户可根据不同的需求选择操作按键对变频空调器进行控制。

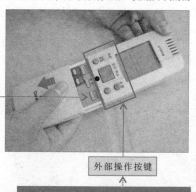

内部操作按键

外部操作按键

遥控器的外部操作按键通常设置一些空调器中使用频率较高的功能操作按键。

　　遥控器中的显示屏是一种液晶显示器件，主要用来显示变频空调器当前的工作状态（或用户设定的信息），例如风速、温度、定时以及其他功能等信息。

【遥控器的实物外形】

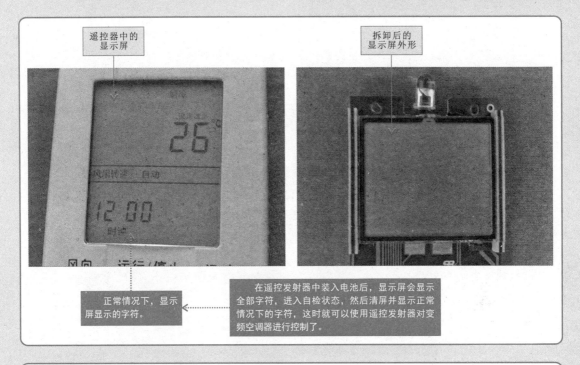

遥控器中的显示屏

拆卸后的显示屏外形

正常情况下，显示屏显示的字符。

在遥控发射器中装入电池后，显示屏会显示全部字符，进入自检状态，然后清屏并显示正常情况下的字符，这时就可以使用遥控发射器对变频空调器进行控制了。

特别提醒

　　有些遥控器中的显示屏通过导电硅胶作为导体与外围电路相互连接，在该显示屏与电路板引脚之间安装有一种导电硅胶，使电路板中的触点与显示屏中的引脚进行连接，从而完成数据的传送。

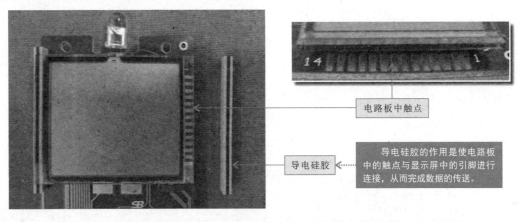

电路板中触点

导电硅胶

导电硅胶的作用是使电路板中的触点与显示屏中的引脚进行连接，从而完成数据的传送。

　　微处理器可以对变频空调器的各种控制信息进行编码，然后将编码的信号调制到载波上，通过红外发光二极管以红外光的形式发射到变频空调器室内机的遥控电路中。

　　而陶瓷谐振器与微处理器内部的振荡电路构成晶体振荡器，用于为微处理器提供时钟信号，该信号也是微处理器的基本工作条件之一。通常情况下，陶瓷谐振器安装在微处理器附近，在其表面通常会标有振荡频率数值。

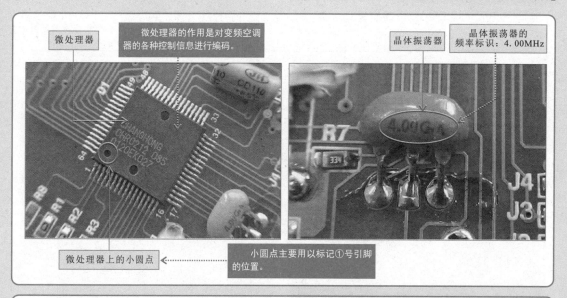

微处理器

微处理器的作用是对变频空调器的各种控制信息进行编码。

晶体振荡器

晶体振荡器的频率标识：4.00MHz

微处理器上的小圆点 ← 小圆点主要用以标记①号引脚的位置。

特别提醒

有些遥控器的电路中，通常会安装有两个晶体振荡器，其中4 MHz的主晶体振荡器与微处理器内部的振荡电路产生高频时钟振荡信号，该信号为微处理器芯片提供主时钟信号。

另外一个晶体振荡器为32.768kHz的副晶体振荡器，该晶体振荡器也与微处理器内部的振荡电路配合工作，产生32.768 kHz的低频时钟振荡信号，这个低频振荡信号主要是为微处理器的显示驱动电路提供待机时钟信号。

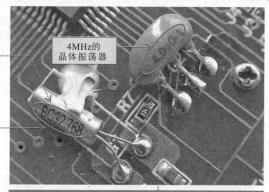

该晶体振荡器与微处理器内部的振荡电路产生低频时钟振荡信号，为微处理器的显示驱动电路提供待机时钟信号。

4MHz的晶体振荡器

36.768kHz的晶体振荡器

该晶体振荡器与微处理器内部的振荡电路产生高频时钟振荡信号，该信号为微处理器芯片提供主时钟信号。

红外发光二极管的主要功能是将电信号变成红外光信号并发射出去，其通常安装在遥控器的前端部位。

【红外发光二极管】

红外发光二极管

红外发光二极管位于遥控器的前端部位。

红外发光二极管的主要功能是将电信号变成红外光信号并发射出去。

2. 遥控接收电路的结构

变频空调器的遥控接收电路主要用于接收遥控器发出的人工指令，并将接收到的信号进行放大、滤波、整形等一系列的处理后，将其变成控制信号，送到室内机的微处理器中，为微处理器提供人工指令。

【遥控接收电路】

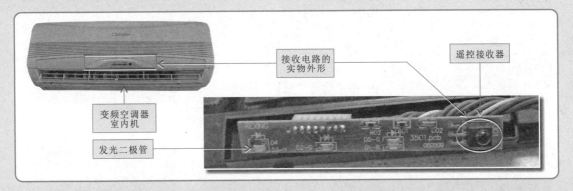

发光二极管主要是在微处理器的驱动下显示当前变频空调器的工作状态，发光二极管D3是用来显示电源状态；D2是用来显示定时状态；D5和D1分别用来显示正常运行和高效运行状态。

【发光二极管】

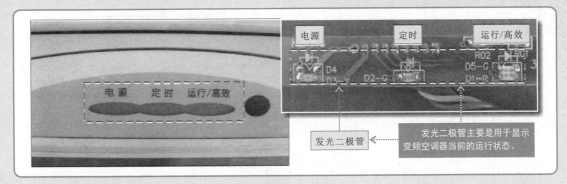

发光遥控接收器主要是用来接收由遥控器发出的人工指令，并将接收到的信号进行放大、滤波以及整形等处理后，将其变成脉冲控制信号，送到室内机的微处理器中，为控制电路提供人工指令。

【遥控接收器】

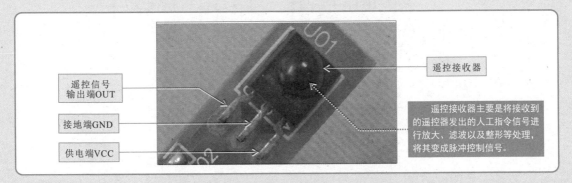

12.1.2 空调器遥控电路的工作原理

　　变频空调器的遥控接收电路将遥控器送来的人工指令进行接收，并将接收的红外光信号转换成电信号，送给变频空调器室内机的控制电路中执行相应的指令。

　　变频空调器室内机的控制电路将处理后的显示信号送往显示电路中，由该电路中的显示部件显示变频空调器的当前工作状态。

【变频空调器遥控电路的工作原理】

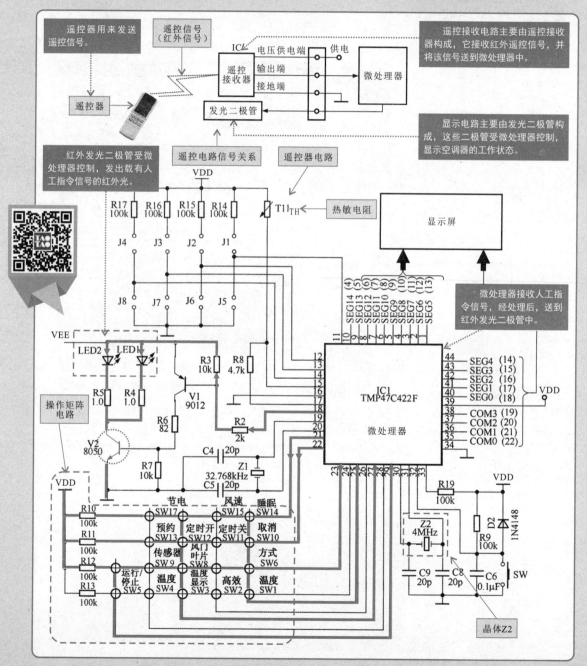

【变频空调器遥控电路的工作原理（续）】

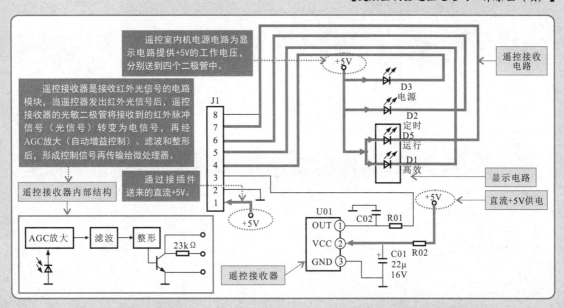

遥控室内机电源电路为显示电路提供+5V的工作电压，分别送到四个二极管中。

遥控接收器是接收红外光信号的电路模块，当遥控器发出红外光信号后，遥控接收器的光敏二极管将接收到的红外脉冲信号（光信号）转变为电信号，再经AGC放大（自动增益控制）、滤波和整形后，形成控制信号再传输给微处理器。

遥控接收器内部结构

通过接插件送来的直流+5V。

【变频典型遥控发射器的结构和工作过程】

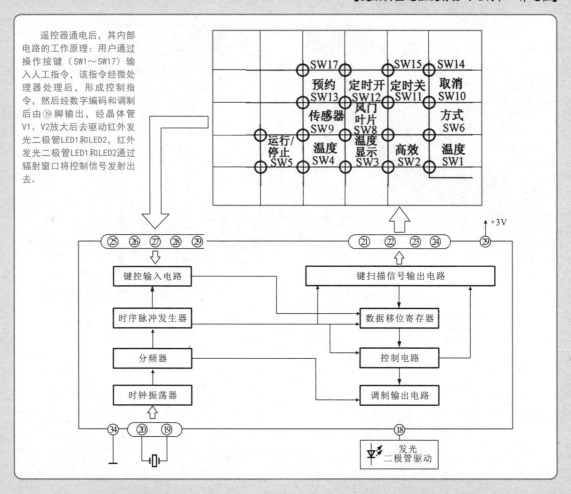

遥控器通电后，其内部电路的工作原理：用户通过操作按键（SW1～SW17）输入人工指令，该指令经微处理器处理后，形成控制指令，然后经数字编码和调制后由⑲脚输出，经晶体管V1、V2放大后去驱动红外发光二极管LED1和LED2，红外发光二极管LED1和LED2通过辐射窗口将控制信号发射出去。

12.2

空调器遥控电路的检测

第12章

遥控电路是变频空调器接收人工指令和显示工作状态的部分，若该电路出现故障经常会引起控制失灵或显示异常等现象，对该电路进行检修时，可依据故障现象分析出产生故障的原因，然后对可能产生故障的部件逐一进行排查。

12.2.1 空调器遥控器的检测

 1. 遥控器供电电压的检测

变频空调器出现无法输入人工指令的故障时，应先检测遥控器本身的供电电压是否正常。若供电电压异常，则应对供电电池进行更换；若供电电压正常，则应对红外发光二极管的性能进行检测。

【遥控器供电电压的检测】

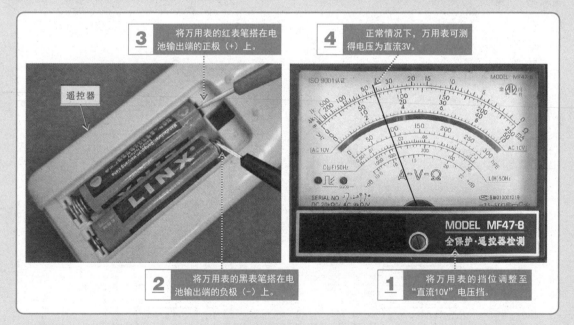

 2. 红外发光二极管的检测

若遥控器的供电电压正常，接下来则应对红外发光二极管进行检测。检测红外发光二极管时，可检测其正反向阻值是否正常。正常情况下，红外发光二极管的正向阻值应有几十千欧的阻值，反向阻值应为无穷大，若检测该器件异常，则需要对红外发光二极管进行更换；若检测红外发光二极管正常，则需要对遥控接收器的微处理器及外围电路进行判断。

【红外发光二极管的检测】

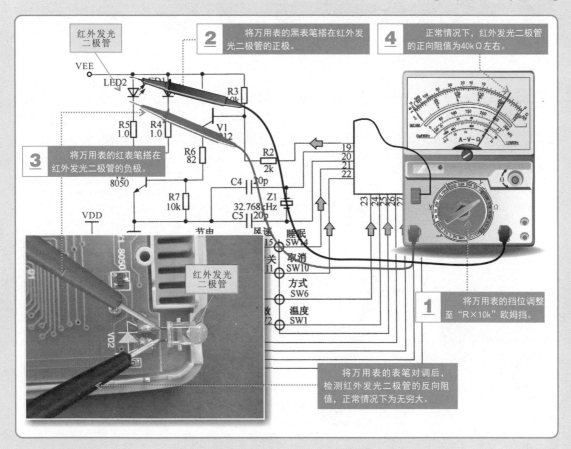

红外发光二极管

2 将万用表的黑表笔搭在红外发光二极管的正极。

4 正常情况下，红外发光二极管的正向阻值为40kΩ左右。

VEE

LED2　LED1

R3

R5　R4
1.0　1.0

V1
9012

3 将万用表的红表笔搭在红外发光二极管的负极。

8050

R6
82

R2
2k

R7
10k

C4 20p

Z1
32.768kHz

C5 20p

19
20
21
22

23
24
25
26
27

VDD

节电

风速

睡眠
SW14

取消
SW10

方式
SW6

温度
SW1

红外发光二极管

1 将万用表的挡位调整至"R×10k"欧姆挡。

将万用表的表笔对调后，检测红外发光二极管的反向阻值，正常情况下为无穷大。

特别提醒

除了采用万用表检测红外发光二极管是否正常外，还可通其他一些快速测试法进行检测，例如通过手机照相功能观察红外发光二极管，当操作遥控器按键时，可看到红光；若将遥控器靠近收音机，当操作遥控器按键时，可听到"哧啦"声。

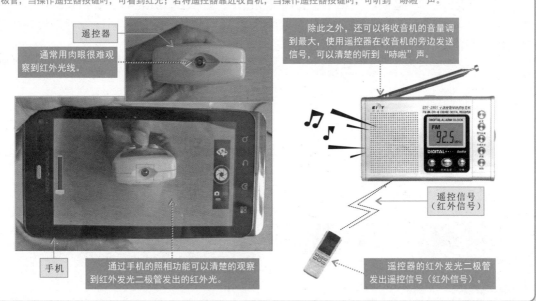

遥控器

通常用肉眼很难观察到红外光线。

除此之外，还可以将收音机的音量调到最大，使用遥控器在收音机的旁边发送信号，可以清楚的听到"哧啦"声。

FM
92.5

遥控信号
（红外信号）

手机

通过手机的照相功能可以清楚的观察到红外发光二极管发出的红外光。

遥控器的红外发光二极管发出遥控信号（红外信号）。

12.2.2 空调器遥控接收电路的检测

1.遥控接收器供电电压的检测

若遥控器本身正常，而故障依然存在时，则需要对遥控电路中的遥控接收器进行检测。检测时首先应对该器件的供电电压进行检测。若供电电压异常，则需要对电源电路进行检测；若供电电压正常，则应进一步对遥控接收器输出的信号进行检测。

【遥控接收器供电电压的检测】

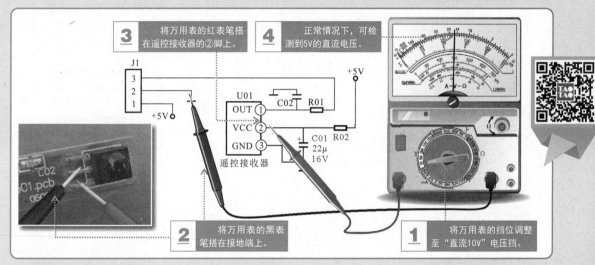

3 将万用表的红表笔搭在遥控接收器的②脚上。

4 正常情况下，可检测到5V的直流电压。

2 将万用表的黑表笔搭在接地端上。

1 将万用表的挡位调整至"直流10V"电压挡。

2.遥控接收器输出信号的检测

遥控接收器的供电电压正常时，接下来则应对遥控器输出的信号进行检测。若信号波形不正常，说明遥控接收器可能存在故障；若信号波形正常，说明微处理器控制电路等可能存在故障。

【遥控接收器输出信号的检测】

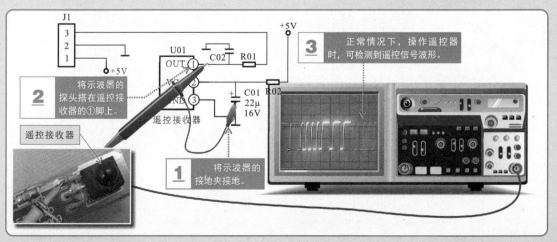

2 将示波器的探头搭在遥控接收器的①脚上。

3 正常情况下，操作遥控器时，可检测到遥控信号波形。

1 将示波器的接地夹接地。

第13章 空调器通信电路的检修方法

13.1
空调器通信电路的结构和工作原理

13.1.1 空调器通信电路的结构

变频空调器室内机与室外机的控制电路必须协调工作才可以使空调器正常运行。其中，室外机控制电路要按照室内机控制电路发送的指令工作，而室内机控制电路也会收到室外机控制电路发送的反馈数据，因而在电路中需要设置两个控制电路之间的信息传输电路，即通信电路，该电路中的控制信号主要是通过连接引线进行传输。

由此可知，空调器中的通信电路主要是实现室内机与室外机之间进行数据传输的电路，是由室内机通信电路和室外机通信电路两部分构成。

下面，以海信KFR35GW/06ABP型变频空调器为例，了解一下通信电路的结构。

【空调器中的通信电路】

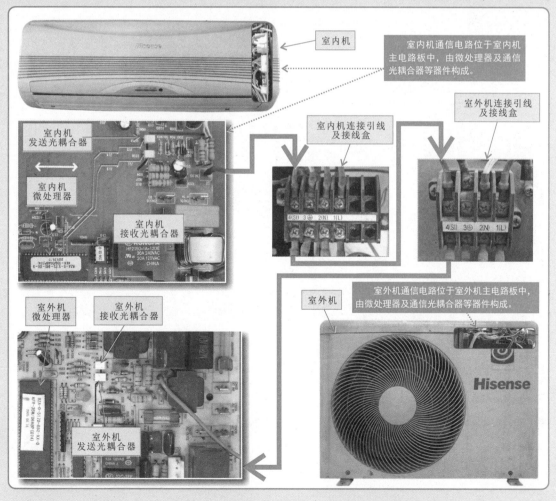

特别提醒

通过上图可知，室内机通信电路包括室内机微处理器、室内机通信光耦合器（室内发送光耦合器、室内接收光耦合器）和连接引线；室外机通信电路包括室外机微处理器、室外机通信光耦合器（室外发送光耦合器、室外接收光耦合器）和连接引线等。

 1. 微处理器

微处理器是通信电路中发送和接收数据信息的核心器件。正常情况下，当变频空调器开机时，室内机微处理器将开机指令及参考信息经通信电路送至室外机微处理器中；当室外机微处理器接收到开机指令进行识别后，分别对压缩机、风扇和四通阀等部件进行起动控制，同时将反馈信息经通信电路送至室内机微处理器中，空调器正常开机。

 2. 通信光耦合器

通信光耦合器是利用光敏变换器件传输控制信息，它是变频空调器通信电路中的关键器件。一般情况下，通信电路中有四只通信光耦合器，其中室内两只，分别为室内发送光耦合器、室内接收光耦合器；室外也有两只，分别为室外发送光耦合器、室外接收光耦合器。

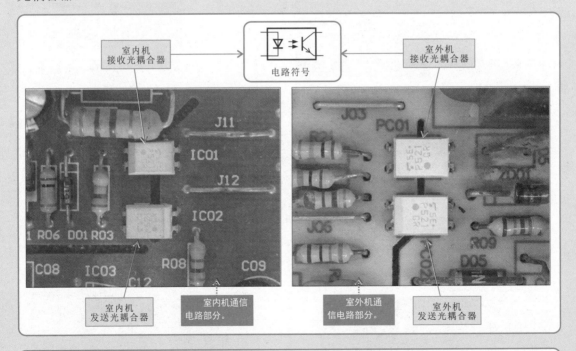

特别提醒

通信光耦合器内部实际上是由一个光敏晶体管和一个发光二极管构成的，是一种以光敏方式传递信号的器件。

在变频空调器通信线路中，由于传输线路借助交流供电线路，因而需采用隔离措施，利用光传递信号就可以与交流线路进行良好的隔离。当室内机的开机指令加到通信光耦合器内的发光二极管，将数据信号转换成光信号，经光敏晶体管再将光信号转换成电信号后，经传输线路传到室外机中；来自室外机微处理器的工作状态信号（反馈信号）也经由通信光耦合器将电信号转换为光信号，再变成电信号送入室内机中。

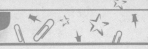

特别提醒

在变频空调器中常见的通信光耦合器通常有四个引脚，其中一侧为发光二极管的两个引脚；另一侧为光敏晶体管的两个引脚，除此之外，还有一种通信光耦合器有6个引脚。

6引脚的通信光耦合器中③脚为空脚；⑥脚为光敏晶体管基极引脚。

通信光耦合器

3. 连接引线及接线盒

连接引线及接线盒是通信电路中的主要信号通道，通过连接引线及接线盒的连接，最终可以实现室内机与室外机之间脉冲信号的传输。

【连接引线及接线盒】

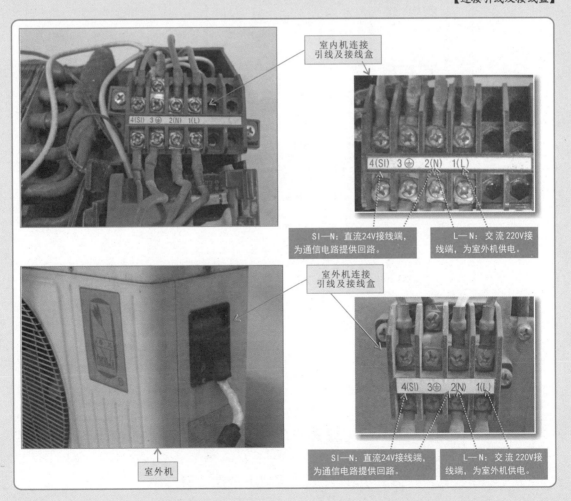

室内机连接引线及接线盒

SI—N：直流24V接线端，为通信电路提供回路。

L—N：交流220V接线端，为室外机供电。

室外机连接引线及接线盒

室外机

SI—N：直流24V接线端，为通信电路提供回路。

L—N：交流220V接线端，为室外机供电。

13.1.2 空调器通信电路的工作原理

通信电路主要用于变频空调器中室内机和室外机电路板之间进行数据传输。室内机与室外机的信息传输通道是一条串联电路，信息的接收和发送都用这条线路，为了确保信息的正常传输，室内机CPU与室外机CPU之间采用时间分割方式，室内机向室外机发送信息50ms，然后由室外机向室内机发送50ms。为此电路系统在室内机向室外机传输信息期间，要保持信道的畅通。

【室内机发送室外机接收的过程】

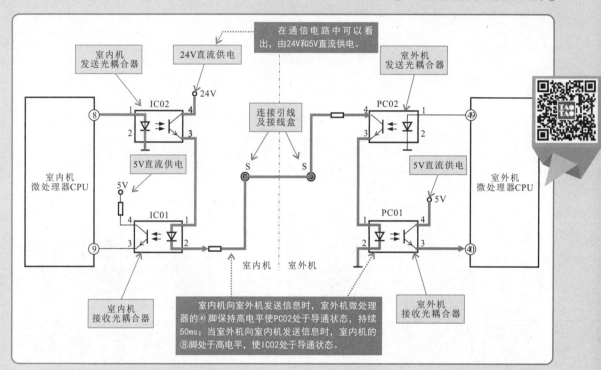

特别提醒

变频空调器通电后，室内机微处理器⑧脚输出的指令，经光耦合器IC02内的光敏晶体管及光耦合器IC01中的发光二极管，从②脚送出，并由连接引线及接线盒传送到室外机发送光耦合器PC02内，由PC2的③脚输出电信号送至室外机接收光耦合器PC01，将工作指令信号送至室外机微处理器的④脚。

变频空调器的通信电路以室内机微处理器为主。正常情况下，室内机发送出信号后，等待接收。若未接收到反馈信号，则会再次发送当前的指令信号；若仍无法收到反馈信号，则进行出错报警提示；室外机起动后，若接收不到室内机指令，则会一直处于等待接收指令状态。

通信电路中室内机发送信号，室外机接收信号完成后，接下来将由室外机发送信号，室内机接收信号。

当室外机微处理器控制电路收到室内机工作指令信号后，室外机的微处理器根据当前的工作状态产生应答信息，该信息经通信电路中的室外机发送光耦合器PC02将光信号转换成电信号，并通过连接引线及接线盒将该信号送至室内机接收光耦合器IC01，将反馈信号送至室内机微处理器的⑨脚，由此完成一次通信过程。

【室外机发送室内机接收的过程】

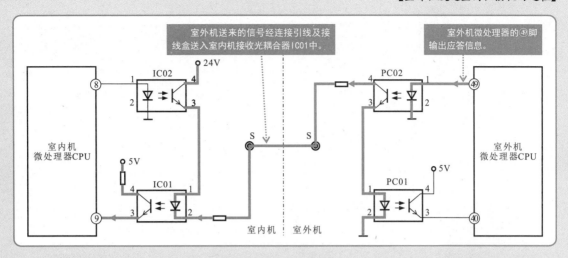

下面，以海信KFR35GW/06ABP型变频空调器为例，了解一下该电路的发送和接收信息的工作过程。

【典型空调器通信电路的工作过程】

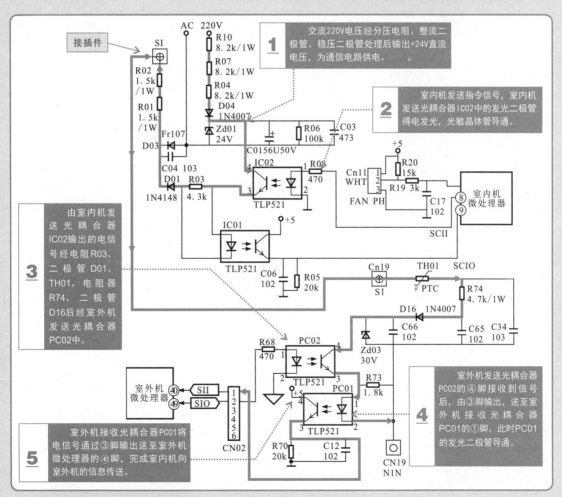

【典型空调器通信电路的工作过程（续）】

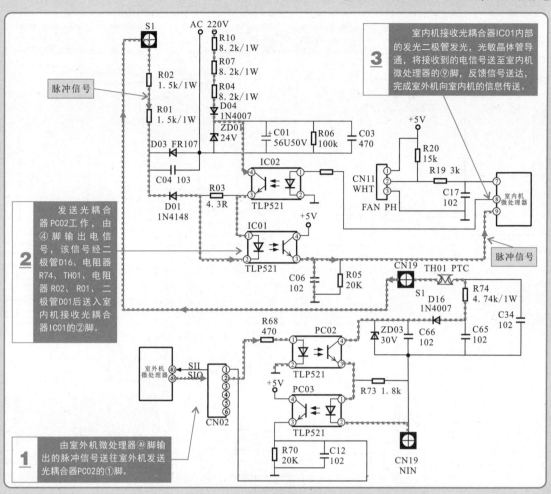

3 室内机接收光耦合器IC01内部的发光二极管发光，光敏晶体管导通，将接收到的电信号送至室内机微处理器的⑨脚，反馈信号送达，完成室外机向室内机的信息传送。

2 发送光耦合器PC02工作，由④脚输出电信号，该信号经二极管D16、电阻器R74、TH01、电阻器R02、R01、二极管D01后送入室内机接收光耦合器IC01的②脚。

1 由室外机微处理器㊴脚输出的脉冲信号送往室外机发送光耦合器PC02的①脚。

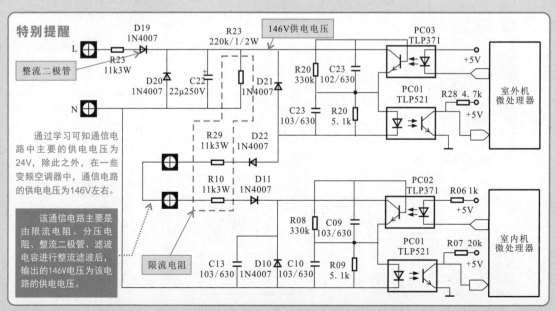

特别提醒

整流二极管

通过学习可知通信电路中主要的供电电压为24V，除此之外，在一些变频空调器中，通信电路的供电电压为146V左右。

该通信电路主要是由限流电阻、分压电阻、整流二极管、滤波电容进行整流滤波后，输出的146V电压为该电路的供电电压。

限流电阻

13.2
空调器通信电路的检修

通信电路是变频空调器中重要的数据传输电路，若该电路出现故障通常会引起空调器室外机不运行或运行一段时间后停机等不正常现象，对该电路进行检修时，可根据通信电路的信号流程对可能产生故障的部件按照从易到难的顺序逐一进行排查。

【通信电路的检修分析】

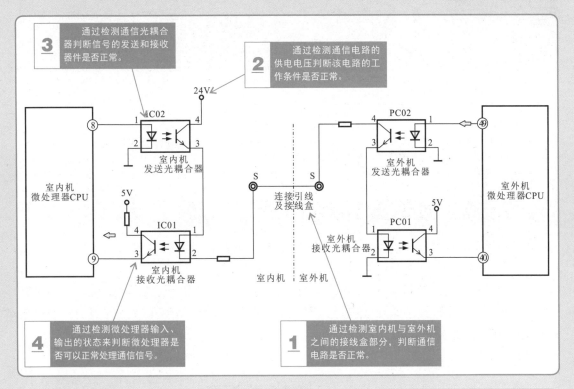

特别提醒

变频空调器的室内机与室外机进行通信的信号为脉冲信号，用万用表检测应为跳变电压，因此在通信电路中，室内机与室外机连接引线接线盒处、通信光耦合器的输入侧和输出侧、室内机与室外机微处理器输出或接收引脚上都应为跳变电压。因此，对该电路部分的检测，可分段检测，跳变电压消失的地方，即为主要的故障点。

例如：在室内机发送、室外机接收信号状态下，若室内微处理器输出脉冲信号正常，则在其发送光耦合器上、室外机接收光耦合器上、室外机微处理器接收端都应有跳变电压，否则说明通信电路存在断路情况，顺信号流程逐级检测即可排除故障；

在室外机发送、室内机接收信号状态下，若室外机微处理器输出脉冲信号正常，则在其发送光耦合器上、室内机接收光耦合器上、室内机微处理器接收端都应有跳变电压，否则说明通信电路存在断路情况，顺信号流程逐级检测即可排除故障。

13.2.1　室内机与室外机连接部分的检测

当变频空调器不能正常工作，怀疑是通信电路出现故障时，应先对室内机与室外机的连接部分进行检修。检修时可先观察是否由硬件损坏造成的，如连接线破损、接线触点断裂等，若连接完好，则需要进一步使用万用表检测连接部分的电压值是否正常。

【通信电路中连接部分的检测】

通信电路连接引线（红色）

将红表笔搭在通信线圈连接盒的SI端，黑表笔搭在N端。

4(SI) 3⏚ 2(N) 1(L)

红表笔

黑表笔

使用万用表检测连接引线端的电压值是否正常。

正常情况下，万用表测得电压值应为0～24V。

特别提醒

若检测室内机连接引线处的电压维持在24V左右，则多为室外机微处理器未工作，应查通信电路；若电压仅在零至几十伏之间变换，则多为室外机通信电路故障；若电压为0V，则多为通信电路的供电电路异常，应对供电部分检修。

 13.2.2 供电电压的检测

检测通信电路中室内机与室外机的连接部分正常时，若故障依然没有排除，则应进一步对通信电路的供电电压进行检测。

正常情况下，应能检测到+24V的供电电压，若该电压不正常，则需要对供电电路中的相关部件进行检测，如限流电阻、整流二极管等；若电压值正常，则需要对通信电路中的关键部件进行检测。

【通信电路供电电压的检测】

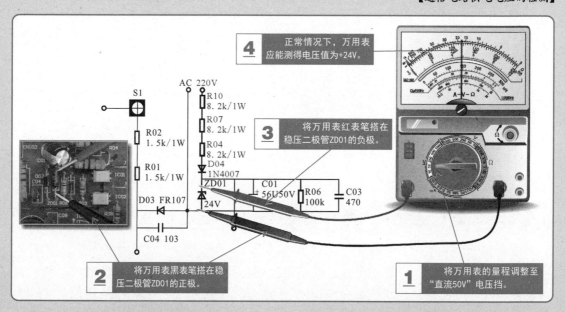

4 正常情况下，万用表应能测得电压值为+24V。

AC 220V

S1

R10 8.2k/1W

R07 8.2k/1W

R04 8.2k/1W

D04 1N4007

R02 1.5k/1W

R01 1.5k/1W

ZD01

3 将万用表红表笔搭在稳压二极管ZD01的负极。

C01 + 56U50V

R06 100k

C03 470

D03 FR107

24V

C04 103

2 将万用表黑表笔搭在稳压二极管ZD01的正极。

1 将万用表的量程调整至"直流50V"电压挡。

13.2.3　通信光耦合器的检测

　　经检测通信电路的供电电压正常时，则需要对该电路中的关键部件，即通信光耦合器进行检测。在通信电路中通信光耦合器共有四个，每个通信光耦合器的检测方法基本相同，下面以其中一个为例，介绍一下具体的检修方法。

　　检测时，若输入的电压值与输出的电压值变化正常，则表明通信光耦合器可以正常工作；若检测输入的电压为恒定值，则应对微处理器输出的电压进行检测。

【通信光耦合器的检测】

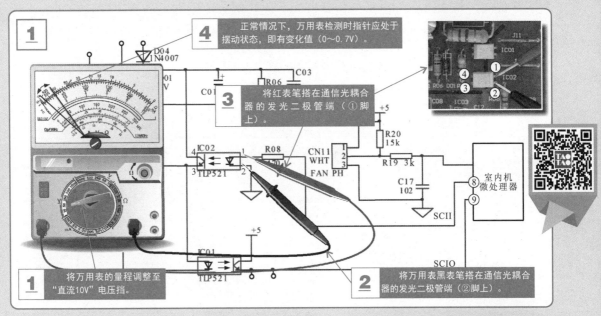

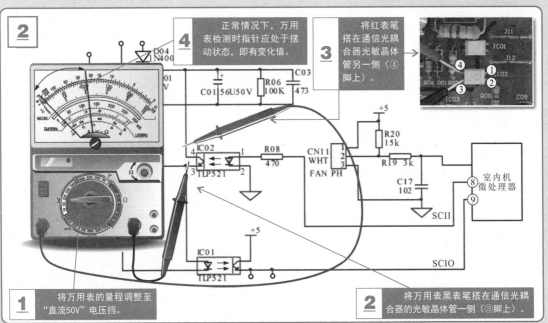

13.2.4 微处理器输入/输出状态的检测

若检测通信电路中室内机与室外机的的连接部分、供电以及通信光耦合器均正常时，变频空调器仍不能正常工作，则需要进一步对微处理器输入/输出的状态进行检修。

通常在室内机发送、室外机接收的状态下，使用万用表检测室内机微处理器的输出电压时万用表的指针应处于摆动状态，即变化范围是0～5V。

【微处理器输入/输出状态的检测】

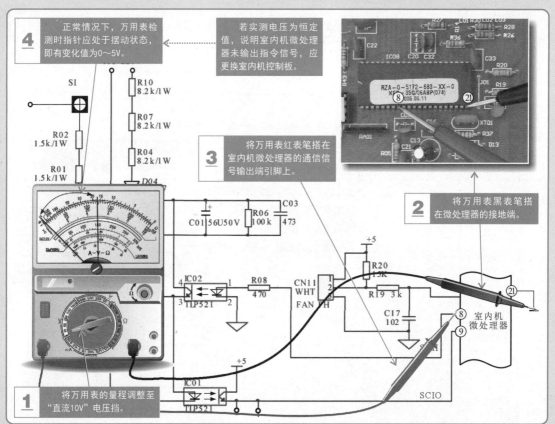

第14章 空调器变频电路的检修方法

14.1
空调器变频电路的结构和工作原理

第14章

14.1.1 空调器变频电路的结构

　　变频电路是变频空调器中特有的电路，变频空调器通常采用变频调速技术，通过改变供电频率的方式进行调速从而实现制冷量（或制热量）的变化。为了实现对压缩机转速的调节，变频空调器内部设有一个变频电路，为压缩机提供变频驱动电压。通常变频电路板通常安装在空调器室外机变频压缩机的上端，由固定支架进行固定。

【典型空调器变频电路的基本构成】

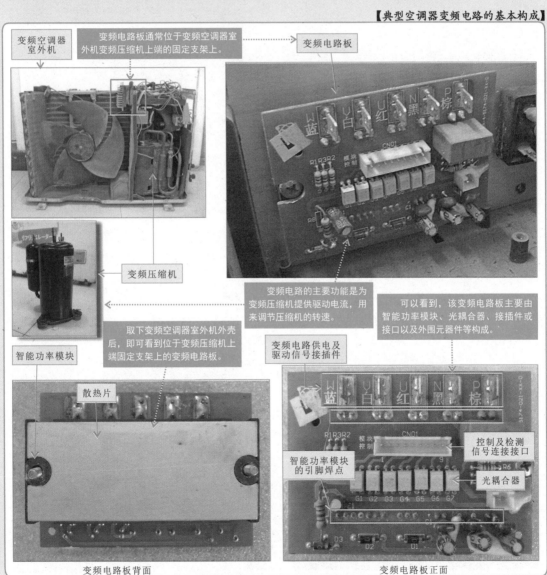

变频空调器室外机

变频电路板通常位于变频空调器室外机变频压缩机上端的固定支架上。

变频电路板

变频压缩机

变频电路的主要功能是为变频压缩机提供驱动电流，用来调节压缩机的转速。

可以看到，该变频电路板主要由智能功率模块、光耦合器、插接件或接口以及外围元器件等构成。

智能功率模块

取下变频空调器室外机外壳后，即可看到位于变频压缩机上端固定支架上的变频电路板。

变频电路供电及驱动信号接插件

散热片

智能功率模块的引脚焊点

控制及检测信号连接接口

光耦合器

变频电路板背面

变频电路板正面

1. 智能功率模块的结构

智能功率模块通常安装在变频电路板的背部，它是一种混合集成电路，其内部一般集成有逆变器电路（功率输出管）、逻辑控制电路、电压电流检测电路和电源供电接口等，主要用来输出变频压缩机的驱动信号，是变频电路中的核心部件。

【智能功率模块的结构】

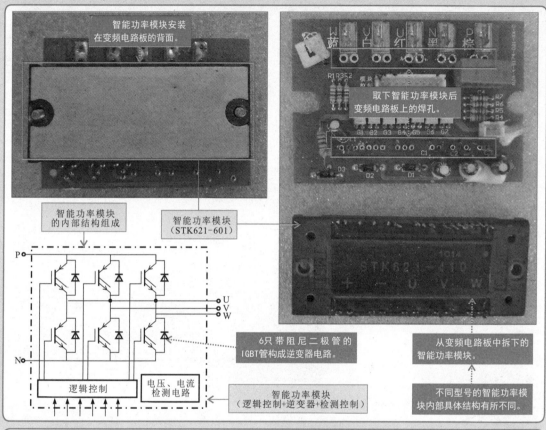

特别提醒

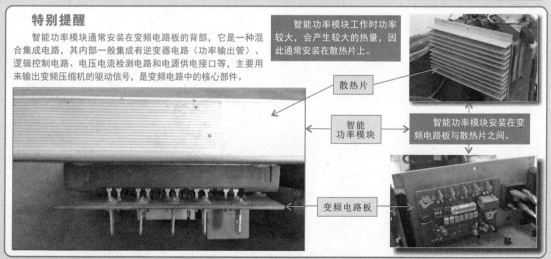

智能功率模块通常安装在变频电路板的背部，它是一种混合集成电路，其内部一般集成有逆变器电路（功率输出管）、逻辑控制电路、电压电流检测电路和电源供电接口等，主要用来输出变频压缩机的驱动信号，是变频电路中的核心部件。

特别提醒

变频空调器中常用的智能功率模块主要有PS21564-P/SP、PS21865/7/9-P/AP、PS21964/5/7-AT/AT、PS21765/7、PS21246和PM50CTJ060-3等多种，这几种智能功率模块将微处理器输出的控制信号进行逻辑处理后变成驱动逆变器的脉冲信号，逆变器将直流电压变成交流变频信号，对变频空调器的变频压缩机进行控制，下图为变频空调器中几种常用智能功率模块的实物外形。

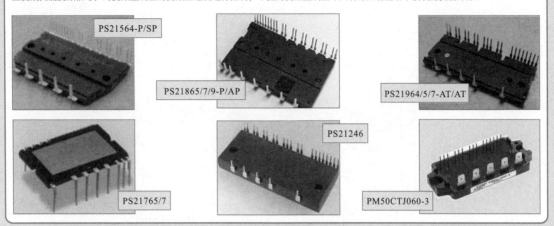

特别提醒

不同型号的智能功率模块其内部结构和引脚排列会有所不同，下图为PM30CTM060型智能功率模块的引脚排列及内部结构，该模块共有20个引脚，其内部主要是由逆变器电路和逻辑控制电路组成的，逆变器则是由6个绝缘栅双极型晶体管（IGBT）和6个阻尼二极管构成。

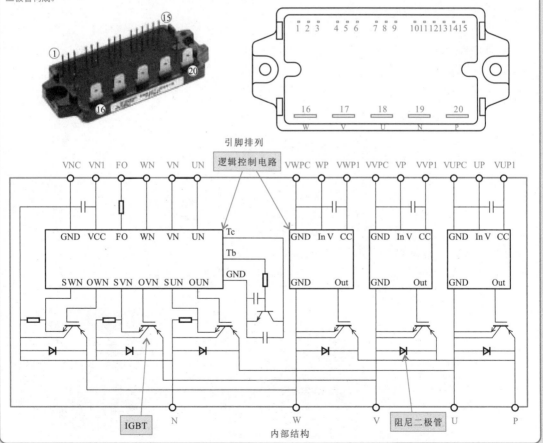

2. 光耦合器的结构

光耦合器也是变频电路中的典型器件之一。它用来接收室外机微处理器送来的控制信号，经光电转换后送入智能功率模块中，驱动智能功率模块工作，具有隔离功能。

【光耦合器的结构】

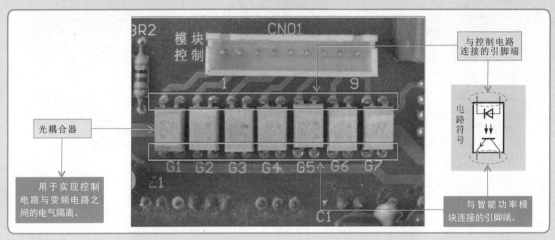

 3. 接插件或接口的结构

变频电路是在控制电路的作用下输出变频压缩机驱动信号的，它与控制电路、变频压缩机之间通过接插件或接口建立关联。在接插件或接口附近通常会标识有插件功能或连接对应关系等信息。

【接插件或接口的结构】

特别提醒

随着变频技术的发展，应用于变频空调器中的变频电路也日益完善，各厂商根据产品的结构特点开发了各具特色的电路单元或电路模块，如有些变频电路集成了电源电路，有些则集成有CPU电路，还有些则将室外机控制电路与变频电路制作在一起。

只有功率模块功能的变频电路板

集成CPU控制电路的变频电路板

14.1.2　空调器变频电路的工作原理

变频空调器室外机变频电路的主要功能就是为变频压缩机提供驱动信号，用来调节变频压缩机的转速，完成空调器制冷剂的循环，实现热交换的功能。

【典型空调器变频电路的工作原理】

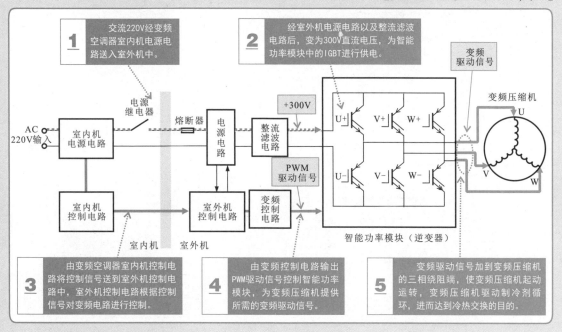

特别提醒

除上述常见的直流变频控制方法外，还有一些变频空调器中采用了交流变频方式，其主要特点是对三相异步电动机进行控制。交流变频是把380/220V交流电转换为直流电源，为智能功率模块中的逆变器提供工作电压，逆变器在微处理器的控制下再将直流电"逆变"成交流电，该交流电再去驱动交流电动机，"逆变"的过程受控制电路的指令控制，变成频率可变的交流电压输出，使变频压缩机电动机的转速随电压频率的变化而相应改变，这样就实现了微处理器对变频压缩机电动机转速的控制和调节。

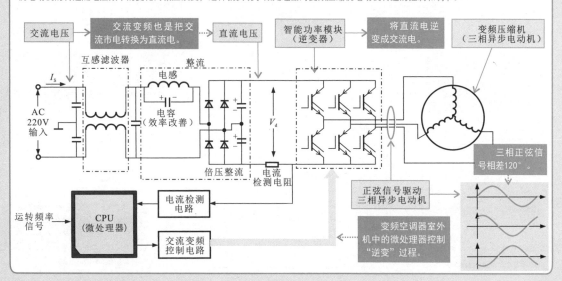

目前，变频空调器中的变频压缩机通常采用直流无刷电动机，该变频方式被称为直流变频方式，但变频电路及驱动电动机定子的信号是频率可变的交流信号。

直流变频与交流变频方式基本相同，同样是把交流电转换为直流电，并送至智能功率模块，智能功率模块同样受微处理器指令的控制。微处理器输出变频脉冲信号经智能功率模块中的逆变器变成驱动变频压缩机的信号，该变频压缩机的电动机采用直流无刷电动机，其绕组也是三相，特点是控制精度更高，交流变频方式采用的是三相异步电动机。

采用PWM脉宽调制的直流变频控制电路的控制方式中，按照一定规律对输出的脉冲宽度进行调制。整流电路输出的直流电压为智能功率模块供电，智能功率模块受微处理器控制。

直流无刷电动机的定子上绕有电磁线圈，采用永久磁铁作为转子。当施加在电动机上的电压或频率增高时，转速加快；当电压或频率降低时，转速下降。这种变频方式在空调器中得到了广泛的应用。

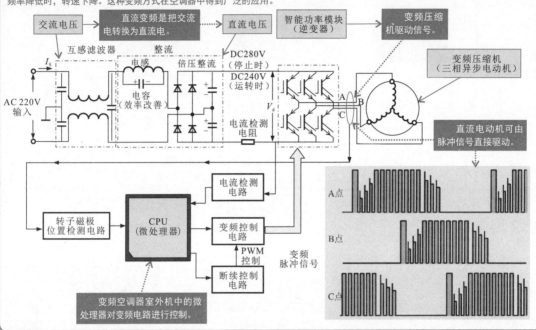

 1. 变频电路中核心元件（智能功率模块）工作原理

智能功率模块是将直流电压变成交流电压的功率模块，被称为逆变器。通过控制6个IGBT管的导通和截止将直流电压变成交流电压，为变频压缩机提供所需的工作电压（变频驱动信号）。

【变频电路中功率模块的工作原理】

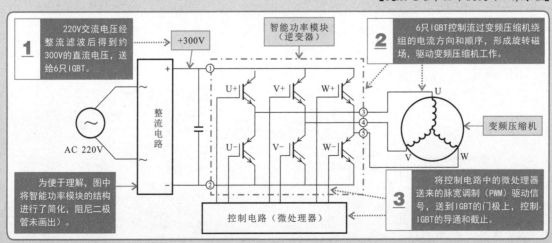

　　智能功率模块内的6只IGBT以两只为一组，分别导通和截止。下面将室外机控制电路中微处理器对6只IGBT的控制过程进行分析，具体了解一下每组IGBT导通周期的工作过程。

【0°～120°周期的工作过程】

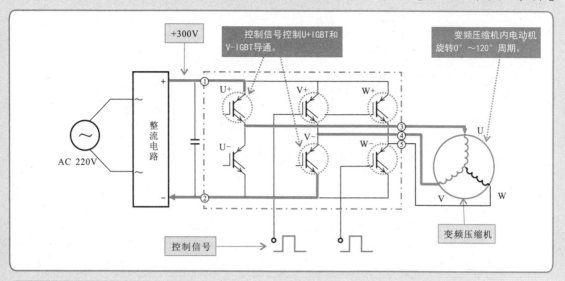

特别提醒

　　在变频压缩机内的电动机旋转的0°～120°周期，控制信号同时加到IGBTU＋和V－的门极，使之导通，于是电源+300V经智能功率模块①脚→U+IGBT→智能功率模块③脚→U相线圈→V相线圈→功率模块④脚→V-IGBT→智能功率模块②脚→电源负端形成回路。

【120°～240°周期的工作过程】

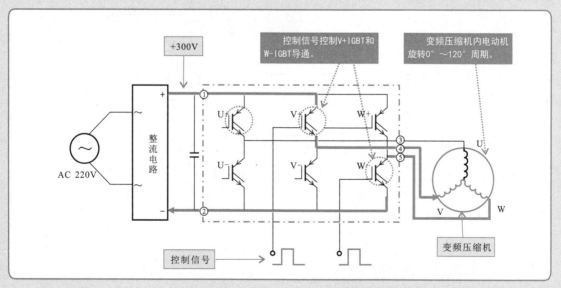

特别提醒

　　在变频压缩机旋转的120°～240°周期，主控电路输出的控制信号产生变化，使V＋IGBT和W－IGBT门极为高电平而导通，于是电源+300V经智能功率模块①脚→V+IGBT→智能功率模块④脚→V相线圈→W相线圈→智能功率模块⑤脚→W-IGBT→智能功率模块②脚→电源负端形成回路。

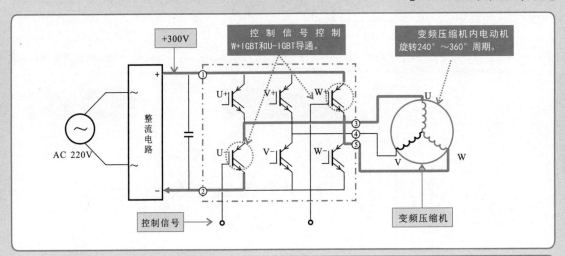

特别提醒

　　在变频压缩机旋转的240°～360°周期，电路再次发生转换，W+IGBT和U－IGBT门极为高电平导通，于是电源+300V经智能功率模块①脚 → W+IGBT → 智能功率模块⑤脚 → W相线圈 → U相线圈 → 智能功率模块③脚 → U-IGBT → 智能功率模块②脚 → 电源负端形成回路。

特别提醒

　　6只IGBT的导通与截止按照这种规律为变频压缩机的定子线圈供电，变频压缩机定子线圈会形成旋转磁场，使转子旋转起来，改变驱动信号的频率就可以改变变频压缩机的转动速度，从而实现转速控制。

　　有很多变频电路的驱动方式采用三只IGBT导通周期，即每个周期中变频压缩机内电动机的三相绕组中都有电流，合成磁场是旋转的，此时驱动信号加到U+、V+和W-，其电流方向如下图所示。

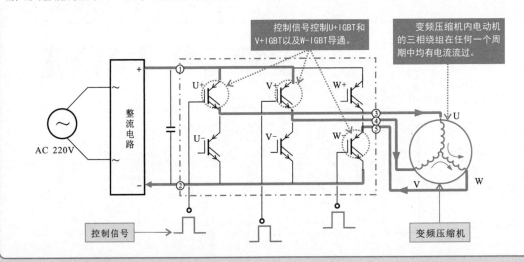

 ## 2. 典型变频空调器的工作原理

　　下面以海信KFR-35GW型变频空调器的变频电路为例，来具体了解一下该电路的基本工作过程和信号流程。该变频电路主要由智能功率模块STK621-601、光耦合器G1～G7、接插件CN01～CN03、CN06和CN07等部分构成。

【海信KFR-35GW型变频空调器变频电路的工作原理】

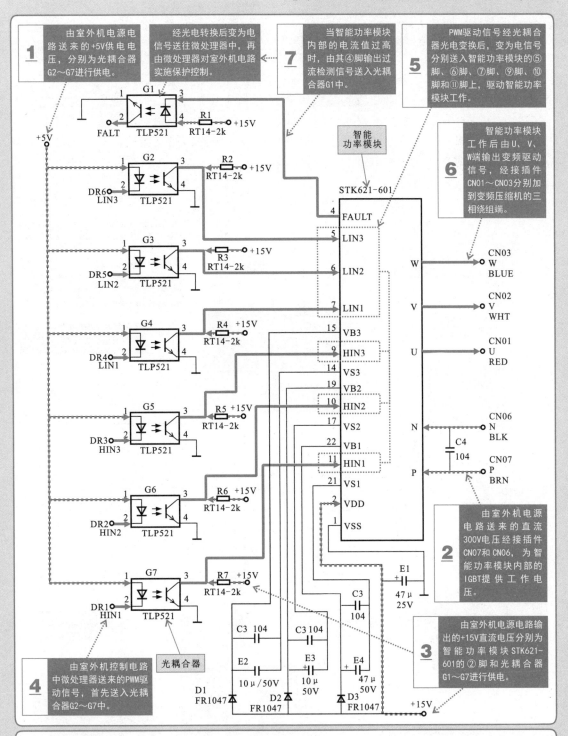

1 由室外机电源电路送来的+5V供电电压，分别为光耦合器G2～G7进行供电。

7 经光电转换后变为电信号送往微处理器中，再由微处理器对室外机电路实施保护控制。

7 当智能功率模块内部的电流值过高时，由其④脚输出过流检测信号送入光耦合器G1中。

5 PWM驱动信号经光耦合器光电变换后，变为电信号分别送入智能功率模块的⑤脚、⑥脚、⑦脚、⑨脚、⑩脚和⑪脚上，驱动智能功率模块工作。

6 智能功率模块工作后由U、V、W端输出变频驱动信号，经接插件CN01～CN03分别加到变频压缩机的三相绕组端。

2 由室外机电源电路送来的直流300V电压经接插件CN07和CN06，为智能功率模块内部的IGBT提供工作电压。

3 由室外机电源电路输出的+15V直流电压分别为智能功率模块STK621-601的②脚和光耦合器G1～G7进行供电。

4 由室外机控制电路中微处理器送来的PWM驱动信号，首先送入光耦合器G2～G7中。

特别提醒

室外机电源电路为变频电路中智能功率模块和光耦合器提供直流工作电压；室外机控制电路中的微处理器输出PWM驱动信号，经光耦合器G2～G7转换为电信号后，分别送入智能功率模块STK621-601的⑤脚、⑥脚、⑦脚、⑨脚、⑩脚和⑪脚中，经STK621-601内部电路的逻辑处理和变换后，输出变频驱动信号加到变频压缩机三相绕组端，驱动变频压缩机工作。

14.2
空调器变频电路的检修

变频电路中各工作条件或主要部件不正常都会引起变频电路故障，进而引起变频空调器出现不制冷或制热、制冷或制热效果差、室内机出现故障代码等现象，对该电路进行检修时，应首先采用观察法检查变频电路的主要元器件有无明显损坏或元器件脱焊、插口不良等现象，如出现上述情况则应立即更换或检修损坏的元器件，若从表面无法观测到故障点，则需根据变频电路的信号流程以及故障特点，对可能引起故障的工作条件或主要部件逐一进行排查。

【空调器变频电路的检修分析】

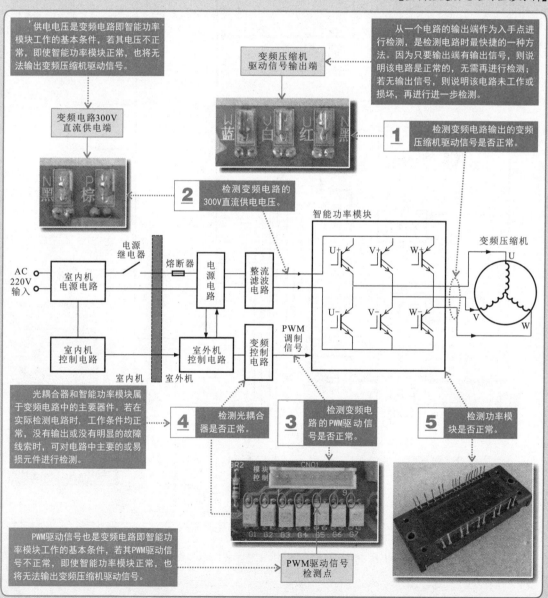

供电电压是变频电路即智能功率模块工作的基本条件，若其电压不正常，即使智能功率模块正常，也将无法输出变频压缩机驱动信号。

从一个电路的输出端作为入手点进行检测，是检测电路时最快捷的一种方法。因为只要输出端有输出信号，则说明该电路是正常的，无需再进行检测；若无输出信号，则说明该电路未工作或损坏，再进行进一步检测。

变频电路300V直流供电端

变频压缩机驱动信号输出端

1 检测变频电路输出的变频压缩机驱动信号是否正常。

2 检测变频电路的300V直流供电电压。

智能功率模块

变频压缩机

电源继电器

熔断器

AC 220V 输入

室内机电源电路

室内机控制电路

室外机控制电路

变频控制电路

电源电路

整流滤波电路

PWM调制信号

室内机 室外机

光耦合器和智能功率模块属于变频电路中的主要器件。若在实际检测电路时，工作条件均正常，没有输出或没有明显的故障线索时，可对电路中主要的或易损元件进行检测。

4 检测光耦合器是否正常。

3 检测变频电路的PWM驱动信号是否正常。

5 检测功率模块是否正常。

PWM驱动信号也是变频电路即智能功率模块工作的基本条件，若其PWM驱动信号不正常，即使智能功率模块正常，也将无法输出变频压缩机驱动信号。

PWM驱动信号检测点

　　对空调器变频电路的检修，可按照前面的检修分析进行逐步检测，对损坏的元器件或部件进行更换，即可完成对变频电路的检测。

14.2.1　变频压缩机驱动信号的检测

　　当怀疑空调器变频电路出现故障时，应首先对变频电路（智能功率模块）输出的变频压缩机驱动信号进行检测，若变频压缩机驱动信号正常，则说明变频电路正常；若变频压缩机驱动信号不正常，则需对电源电路板和控制电路板送来的供电电压和压缩机驱动信号进行检测。

【变频压缩机驱动信号的检测】

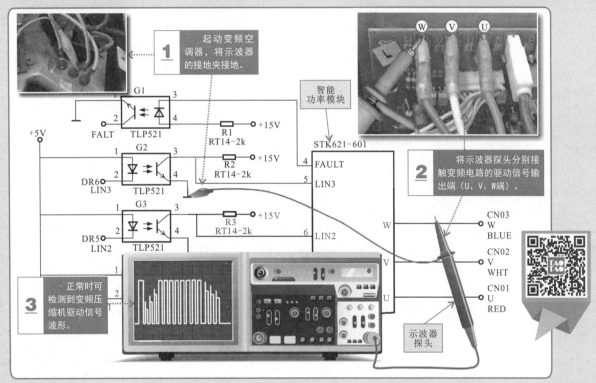

1 起动变频空调器，将示波器的接地夹接地。

2 将示波器探头分别接触变频电路的驱动信号输出端（U、V、W端）。

3 正常时可检测到变频压缩机驱动信号波形。

示波器探头

特别提醒

　　在上述检测过程中，对变频压缩机驱动信号进行检测时，使用了示波器进行测试，若不具备该检测条件时，也可以用万用表测电压的方法进行检测和判断。

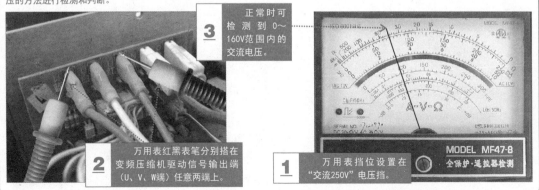

3 正常时可检测到 0～160V 范围内的交流电压。

2 万用表红黑表笔分别搭在变频压缩机驱动信号输出端（U、V、W端）任意两端上。

1 万用表挡位设置在"交流250V"电压挡。

MODEL MF47-8　全保护·遥控器检测

14.2.2　变频电路300V供电电压的检测

　　变频电路的工作条件有两种，即供电电压和PWM驱动信号。若变频电路无驱动信号输出，在判断是否为变频电路故障时，应首先对这两个工作条件进行检测。

　　检测时应先对变频电路（智能功率模块）的300V直流供电电压进行检测，若300V直流供电电压正常，则说明电源供电电路正常；若供电电压不正常，则需继续对PWM驱动信号进行检测。

【变频电路300V供电电压的检测】

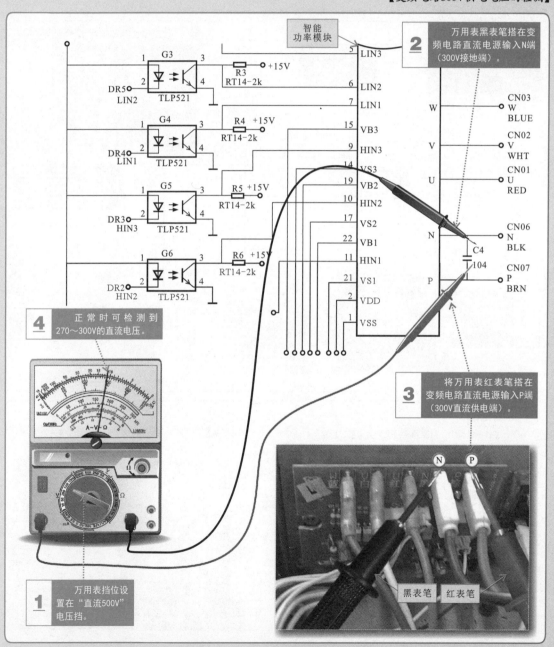

14.2.3 变频电路PWM驱动信号的检测

　　若经检测变频电路的供电电压正常，接下来需对控制电路板送来的PWM驱动信号进行检测，若PWM驱动信号也正常，而变频电路无输出，则多为变频电路故障，应重点对光耦合器和智能功率模块进行检测；若PWM驱动信号不正常，则需对控制电路进行检测。

【变频电路PWM驱动信号的检测】

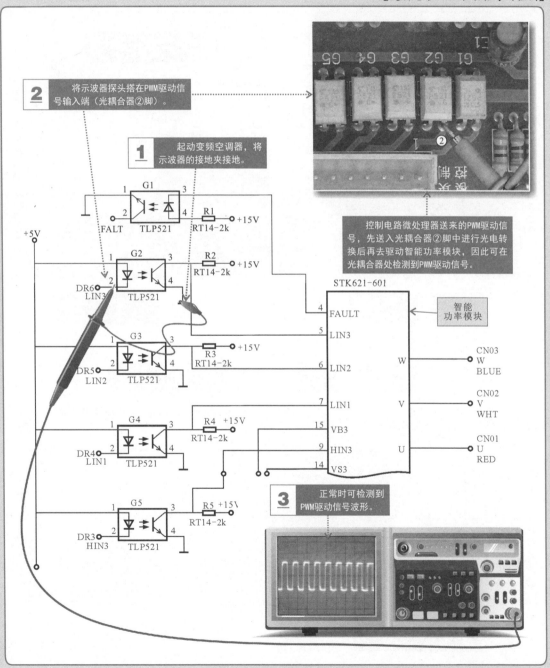

2 将示波器探头搭在PWM驱动信号输入端（光耦合器②脚）。

1 起动变频空调器，将示波器的接地夹接地。

控制电路微处理器送来的PWM驱动信号，先送入光耦合器②脚中进行光电转换后再去驱动智能功率模块，因此可在光耦合器处检测到PWM驱动信号。

3 正常时可检测到PWM驱动信号波形。

14.2.4 光耦合器的检测

光耦合器用于驱动智能功率模块的控制信号输入电路，损坏后会导致来自室外机控制电路中的PWM信号无法送至智能功率模块的输入端。

若经上述检测室外机控制电路送来的PWM驱动信号正常，供电电压也正常，而变频电路无输出，则应对光耦合器进行检测。

【光耦合器的检测】

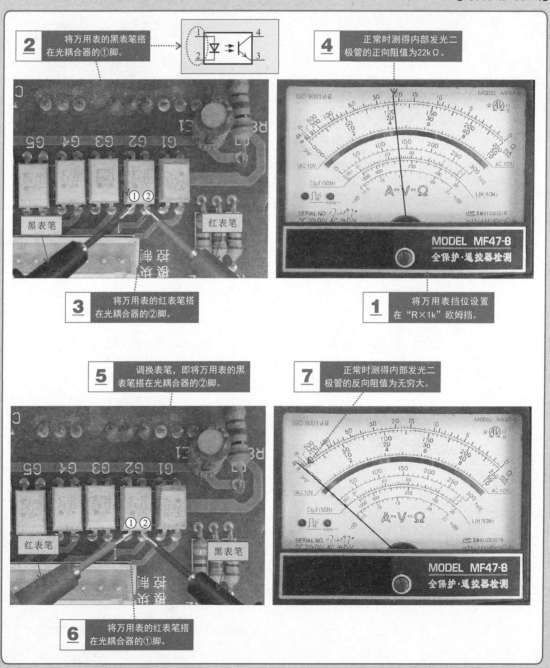

2 将万用表的黑表笔搭在光耦合器的①脚。

4 正常时测得内部发光二极管的正向阻值为22kΩ。

黑表笔　　红表笔

3 将万用表的红表笔搭在光耦合器的②脚。

1 将万用表挡位设置在"R×1k"欧姆挡。

5 调换表笔，即将万用表的黑表笔搭在光耦合器的②脚。

7 正常时测得内部发光二极管的反向阻值为无穷大。

红表笔　　黑表笔

6 将万用表的红表笔搭在光耦合器的①脚。

【光耦合器的检测（续）】

8 将万用表的黑表笔搭在光耦合器的④脚。

黑表笔

红表笔

④③

10 正常时测得内部光敏晶体管的正向阻值为10kΩ。

9 将万用表的红表笔搭在光耦合器的③脚。

11 调换表笔，即将万用表的黑表笔搭在光耦合器的③脚。

红表笔

黑表笔

④③

13 正常时测得内部光敏晶体管的反向阻值为28kΩ。

12 将万用表的红表笔搭在光耦合器的④脚。

特别提醒

　　由于在路检测易受外围元器件的干扰，测得的阻值会与实际阻值有所偏差，但内部的发光二极管基本满足正向导通，反向截止的特性；若测得的光耦合器内部发光二极管或光敏晶体管的正反向阻值均为零、无穷大或与正常阻值相差过大，都说明光耦合器已经损坏。

14.2.5 智能功率模块的检测与代换

随着变频空调器型号的不同，采用智能功率模块的型号也有所不同，下面以 STK621-410型智能功率模块为例，介绍其检测与代换方法。

1. 智能功率模块的检测

确定智能功率模块是否损坏时，可根据智能功率模块内部的结构特性，使用万用表的二极管检测"P"（"+"）端与U、V、W端，或"N"（"-"）与U、V、W端，或"P"与"N"端之间的正反向导通特性，若符合正向导通、反向截止的特性，则说明智能功率模块正常，否则说明智能功率模块损坏。

【智能功率模块的检测】

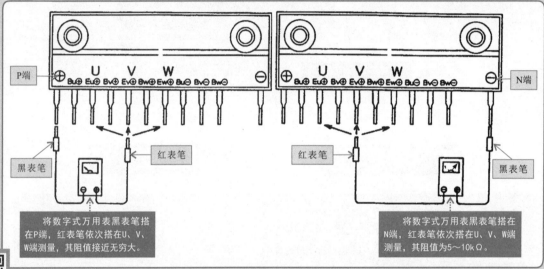

将数字式万用表黑表笔搭在P端，红表笔依次搭在U、V、W端测量，其阻值接近无穷大。

将数字式万用表黑表笔搭在N端，红表笔依次搭在U、V、W端测量，其阻值为5～10kΩ。

【STK621-601型智能功率模块的检测】

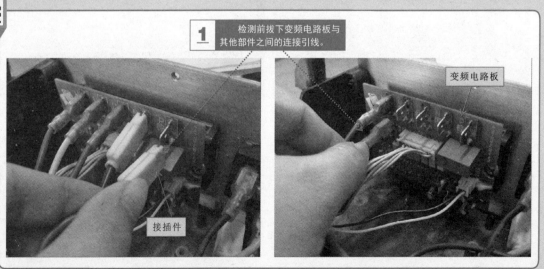

1 检测前拔下变频电路板与其他部件之间的连接引线。

变频电路板

接插件

【STK621-601型智能功率模块的检测（续）】

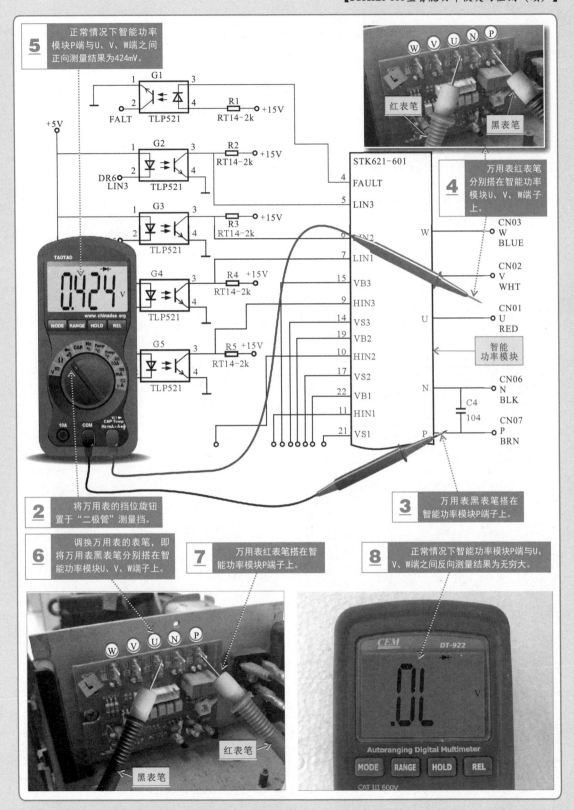

5 正常情况下智能功率模块P端与U、V、W端之间正向测量结果为424mV。

G1 TLP521 FALT RT14-2k R1 +15V

+5V

G2 TLP521 DR6 LIN3 RT14-2k R2 +15V

G3 TLP521 RT14-2k R3 +15V

G4 TLP521 RT14-2k R4 +15V

G5 TLP521 RT14-2k R5 +15V

TAOTAO **0.424** V www.chinadse.org MODE RANGE HOLD REL

STK621-601

4 FAULT
5 LIN3
6 LIN2
7 LIN1
15 VB3
9 HIN3
14 VS3
19 VB2
10 HIN2
17 VS2
22 VB1
11 HIN1
21 VS1

W CN03 W BLUE
V CN02 V WHT
U CN01 U RED

智能功率模块

N CN06 N BLK
C4 104
P CN07 P BRN

4 万用表红表笔分别搭在智能功率模块U、V、W端子上。

红表笔

黑表笔

2 将万用表的挡位旋钮置于"二极管"测量挡。

3 万用表黑表笔搭在智能功率模块P端子上。

6 调换万用表的表笔，即将万用表黑表笔分别搭在智能功率模块U、V、W端子上。

7 万用表红表笔搭在智能功率模块P端子上。

8 正常情况下智能功率模块P端与U、V、W端之间反向测量结果为无穷大。

红表笔

黑表笔

CEM DT-922 **.OL** V Autoranging Digital Multimeter MODE RANGE HOLD REL CAT III 600V

特别提醒

除上述方法外，还可通过检测智能功率模块的对地阻值，来判断智能功率模块是否损坏，即将万用表黑表笔接地，红表笔依次检测智能功率模块STK621-601的各引脚的正向对地阻值；接着对调表笔，红表笔接地，黑表笔依次检测智能功率模块STK621-601的各引脚的反向对地阻值。

正常情况下智能功率模块各引脚的对地阻值见下表所列，若测得智能功率模块的对地阻值与正常情况下测得阻值相差过大，则说明智能功率模块已经损坏。

引脚号	正向阻值/kΩ	反向阻值/kΩ	引脚号	正向阻值/kΩ	反向阻值/kΩ
①	0	0	⑮	11.5	∞
②	6.5	2.5	⑯	空脚	空脚
③	6	6.5	⑰	4.5	∞
④	9.5	65	⑱	空脚	空脚
⑤	10	28	⑲	11	∞
⑥	10	28	⑳	空脚	空脚
⑦	10	28	㉑	4.5	∞
⑧	空脚	空脚	㉒	11	∞
⑨	10	28	P端	12.5	∞
⑩	10	28	N端	0	0
⑪	10	28	U端	4.5	∞
⑫	空脚	空脚	V端	4.5	∞
⑬	空脚	空脚	W端	4.5	∞
⑭	4.5	∞			

 2. 智能功率模块的代换

若检测出智能功率模块本身损坏时，可以使用同型号的智能功率模块进行代换，更换前，应将损坏的智能功率模块从变频电路板中拆卸下来。

【智能功率模块的代换】

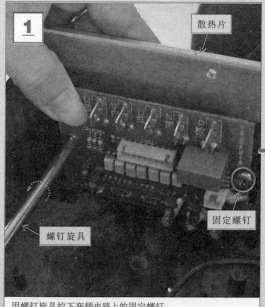

散热片

固定螺钉

螺钉旋具

用螺钉旋具拧下变频电路上的固定螺钉。

散热片

变频电路板

将变频电路板与散热片分离并取下。

【智能功率模块的代换（续）】

3

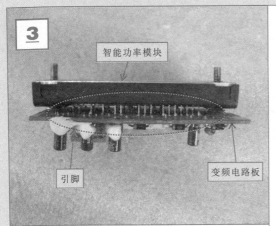

智能功率模块

引脚

变频电路板

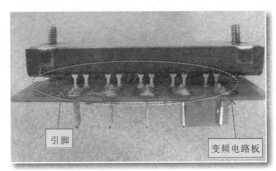

引脚

变频电路板

观察智能功率模块引脚的焊接位置和引脚个数，为下一步拆焊操作做好准备。

4

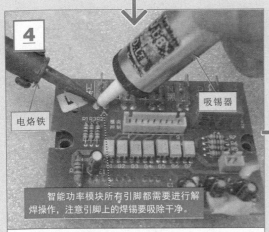

电烙铁

吸锡器

智能功率模块所有引脚都需要进行解焊操作，注意引脚上的焊锡要吸除干净。

用电烙铁将智能功率模块引脚上的焊锡熔化，并使用吸锡器将熔化的焊锡吸除，将引脚解焊。

5

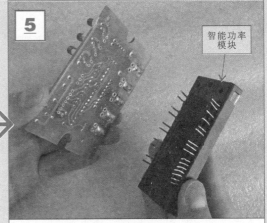

智能功率模块

待智能功率模块所有引脚都解焊后，轻轻用力将智能功率模块与变频电路板分离。

根据损坏智能功率模块的型号，选购与其型号相同的智能功率模块。

根据智能功率模块上的标识信息，识别其型号（STK621-410），作为选配替换件的依据。

6

拆下的智能功率模块和变频电路板

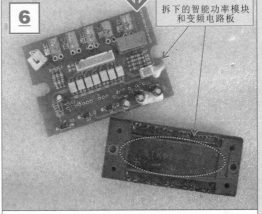

观察智能功率模块引脚的焊接位置和引脚个数，为下一步焊接操作做好准备。

【智能功率模块的代换（续）】

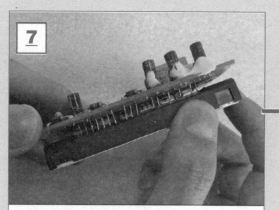

将新的智能功率模块的引脚按照变频电路板上智能功率模块的引脚固定孔穿入。

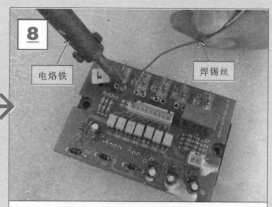

电烙铁　　　焊锡丝

使用电烙铁熔化焊锡丝将智能功率模块的引脚焊接在变频电路板上。

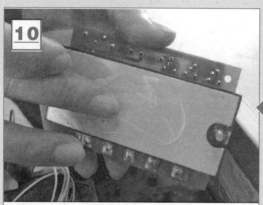

将硅胶涂抹均匀，避免散热不良。

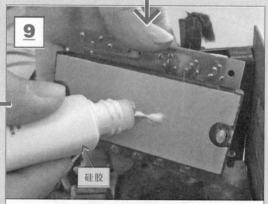

硅胶

在代换完成后的智能功率模块的背面抹上硅胶。

散热片

固定螺钉

将涂好硅胶的新智能功率模块的螺孔装入固定螺钉后，对准散热片螺孔。

散热片

固定螺钉

使用螺钉旋具将智能功率模块上的两颗固定螺钉拧紧，连同变频电路板一同固定在散热片上。

特别提醒

使用螺钉旋具紧固智能功率模块及变频电路板固定螺钉时，螺钉应对称均衡受力，避免智能功率模块局部使受力内部的硅片受应力作用产生变形，损坏智能功率模块。另外，在代换智能功率模块时，必需均匀涂散热胶，保证散热的可靠性，否则会造成智能模块的损坏。